建筑施工技术运用

丛书主编　王从军
主　　编　刘胜德　李福占

东北林业大学出版社
Northeast Forestry University Press
·哈尔滨·

图书在版编目（CIP）数据

建筑施工技术运用／刘胜德，李福占主编. — 哈尔滨：东北林业大学
出版社，2017.4
中等职业教育改革发展示范院校系列教材
ISBN 978 - 7 - 5674 - 1061 - 9

Ⅰ.①建… Ⅱ.①刘…②李… Ⅲ.①建筑施工-技术-中等专业学校-
教材 Ⅳ.①TU74

中国版本图书馆 CIP 数据核字（2017）第 089419 号

责任编辑：陈珊珊
封面设计：博鑫设计
出版发行：东北林业大学出版社（哈尔滨市香坊区哈平六道街 6 号　邮编：150040）
印　　装：三河市元兴印务有限公司
规　　格：185 mm×260 mm　16 开
印　　张：10.75
字　　数：254 千字
版　　次：2019 年 4 月第 1 版
印　　次：2019 年 4 月第 1 次印刷
定　　价：28.50 元

如发现印装质量问题，请与出版社联系调换。（电话：0451-82113296　82191620）

前言

　　本书是为了满足建筑施工企业对中等专业建筑工程施工技术人才的需要而编写的延伸型校本教材。本教材根据大庆市建设中等职业技术学校"建筑工程施工"专业人才培养方案确定的人才培养目标、人才规格所要求的职业素养、专业知识、专业能力，并参照教育部2014年颁布的首批《中等职业学校专业教学标准（试行）》中主干课程《基础工程施工》《主体结构工程施工》《建筑装饰装修工程施工》等课程的要求编写。本书共9个项目，合计24个任务。

　　全书以工艺流程为主线，以分项工程任务为载体，适合于采用任务驱动的方式组织教学活动。教学过程中通过咨询（施工知识）、任务导入、任务实施、检查评价等环节对土石方工程、桩基础工程、模板工程、钢筋工程、混凝土工程、砌筑工程、防水工程、装饰工程等分部、分项工程进行"一体化"教学。教材在专业理论知识方面严格遵守国家现行建筑工程施工及验收规范，力求体系完整、内容精炼，文字表达通畅，所附插图力求准确、直观，以帮助学生充分理解所学的内容；在任务实施方面步骤明确、具体，具有可操作性，符合中职学生的学情及企业的岗位需求。

　　本书可供中等职业技术学校建筑工程施工专业学生使用，也可供其他土建类专业学生使用。另外，本书还满足操作岗位和管理岗位人员的需要，可作为从事建筑施工的工程技术人员的参考书。本书由大庆市建设中等职业学校刘胜德助理讲师、李福占高级讲师主编，闫继臣高级讲师参编。刘胜德编写了项目一、三、四、五，并编写了全部拓展练习题；闫继臣编写了项目二，李福占编写了项目六、七、八、九。

　　本书在编写中曾得到太原技师学院常建友教授的指导，在此表示感谢。

编　者

2017 年 3 月

目录

项目一　土石方工程施工

【项目描述】

土石方工程是建筑工程施工中的主要分部分项工程之一，也是建筑工程的第一项工作任务，它的施工质量的好坏影响到建筑基础的稳定及后续施工的正常进行，在项目中起到重大的作用。

常见的土石方工程包括土方的开挖、运输、填筑、平整和压实等施工过程及施工排水、降水、边坡支护等辅助工作。

【学习目标】

✎ 知识目标

（1）掌握土石方量的计算方法。
（2）掌握轻型井点降水的施工流程。
（3）掌握基坑（槽）的开挖与回填的施工流程及要求。

✎ 能力目标

（1）能根据基坑示意图进行基坑（槽）土方量计算。
（2）能根据现场条件布置井点降水管网。
（3）能够进行土方的开挖与回填施工。

✎ 素养目标

（1）具有实事求是的作风。
（2）热爱建筑工作、具有创新意识和创新精神。
（3）具备团队意识，能够与他人进行良好的合作与交流。

【设备准备】

泵、集水总管、井点管、弯联管、滤管、钢筋、铁丝网、挖土机、运土卡车、蛙式打夯机等。

【课时分配】

序号	任务名称	课时分配（课时）	
		理论	实训
一	土石方量计算	2	2
二	井点降水施工	2	2
三	基坑（槽）开挖	4	2
四	土方回填实施	2	2
合计		18	

任务一 土石方量计算

【学习目标】

知识目标

（1）掌握土的工程性质。
（2）了解土方工程的施工特点。
（3）掌握基坑（槽）土方量计算方法。

能力目标

（1）能根据地基土的性质对土方工程施工可能遇到的情况做出预估。
（2）能进行基坑（槽）的土方量计算。

【任务描述】

现在有一基坑即将施工，需要知道挖方量来确定需要的施工机械及数量，并签订施工合同，请根据基坑坑底示意图（图 1-1），计算出该基坑的挖方量（放坡系数为 0.5，基坑高度为 5 m）。

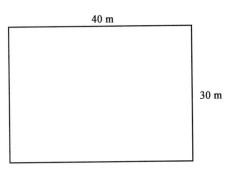

图 1-1　基坑坑底平面图

【知识链接】

✎ 土方工程分类

1. 土方工程的特点

土方工程具有工程量大，劳动强度大，施工工期长，施工条件复杂，多为露天作业，受气候影响大，难以确定的因素多等特点。

2. 土方工程的分类

土方工程按照施工内容和施工方法的不同，主要有以下几种：

（1）场地平整。一般场地平整是指 ±30 cm 以内的就地挖、填、找平。

（2）基坑（槽）及管沟开挖。基坑是指基底面积在 20 m² 以内的土方工程；基槽是指宽度在 3 m 以内，长度是宽度的 3 倍以上的土方工程。

（3）大型挖方工程。一般是指基底面积在 20 m² 以上，基底宽度为 3 m 以上，场地平整挖填厚度 ±30 cm 以上的土方工程施工。

（4）土方的填筑与压实。土方在回填时必须选用适当的土料，选择适宜的压实方法，使其达到规定的密实度的要求。

3. 土的工程分类

土的种类繁多，其分类方法也很多。在建筑施工中，根据土的开挖难易程度将土分为松软土、普通土、坚土、砾砂坚土、软石、次坚石、坚石、特坚石共八类。

土的工程性质

1. 土的可松性

土具有可松性，即自然状态下的土经开挖后，其体积因松散而增大，以后虽然经回填压实，其体积仍不能恢复原状，这种性质称为土的可松性。土的可松性对土方量的平衡调配、确定场地设计标高、计算运土机具的数量、弃土坑的容积、填土所需挖方体积等均有很大影响。土的可松性用可松性系数表示：

$$K_s = \frac{V_2}{V_1}$$

$$K_s' = \frac{V_3}{V_1}$$

式中：K_s——土的最初可松性系数；

K_s'——土的最终可松性系数；

V_1——土在天然状态下的体积，m^3；

V_2——土经开挖后松散状态下的体积，m^3；

V_3——土经回填压实后的体积，m^3。

2. 土的含水量

土的含水量 ω 是土中水的质量与固体颗粒质量之比，以质量百分数表示，即：

$$\omega = m_w / m_s \times 100\%$$

式中：m_w——土中水的质量，kg；

m_s——土中固体颗粒的质量，kg。

土的干湿程度用含水量表示。含水量在 5% ~ 30% 之间称湿土，大于 30% 称饱和土。含水量越大，土就越湿，对施工越不利。土的含水量大小对挖土的难易、施工时边坡的坡度、回填土的压实等均有影响。

土方边坡

在开挖基坑、沟槽或填筑路堤时，为了防止塌方，保证施工安全及边坡稳定，其边沿应考虑放坡。土方边坡的坡度以其高度 h 与底宽 b 之比表示（图 1-2），即：

$$土方边坡坡度 = \frac{h}{b} = \frac{1}{m}$$

式中：$m = b/h$，称为坡度系数，土方坡度系数表见表 1-1。

边坡的坡度应根据不同的填挖高度、土的物理力学性质和工程的重要性、边坡附近地面堆载情况由设计确定。在满足土体边坡稳定的条件下，可做成直线形或折线形边坡以减少土方施工量。

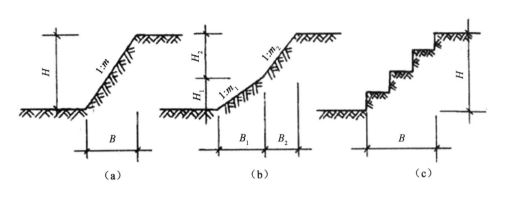

图1-2　土方边坡

（a）直线形；（b）折线形；（c）踏步形

表1-1　土方坡度系数表

土类别	放坡起点/m	人工挖土	机械挖土	
			坑内作业	坑上作业
一、二类土	1.20	1：0.50	1：0.33	1：0.75
三类土	1.50	1：0.33	1：0.25	1：0.67
四类土	2.0	1：0.25	1：0.10	1：0.33

注：1. 沟槽、基坑中土壤类别不同时，分别按其土壤类别、放坡比例以不同土壤厚度分别计算；

　　2. 计算放坡工程量时交接处的重复工程量不扣除，符合放坡深度规定时才能放坡，放坡深度应自垫层下表面至设计室外地坪标高计算。

基坑、基槽土方量计算

1. 基坑土方量计算

基坑土方量可按拟柱体（由两个平行面为底的多面体，如图1-3所示）体积公式计算，即：

$$V = \frac{H}{6}(A_1 + 4A_0 + A_2)$$

式中：H——基坑高度，m；

A_1——顶层面积，m^2；

A_0——中层面积，m^2；

A_2——底层面积，m^2。

2. 基槽土方量计算

计算基槽土方量时，可沿长度方向将基槽分段划分为若干个拟柱体（图1-4），再采用拟柱体公式分别计算，即：

$$V_1 = \frac{L_1}{6}(A_1 + 4A_0 + A_2)$$

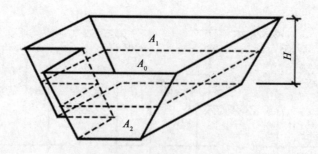

图1-3 基坑土方量计算原理图

式中：L_1——基槽长度，m。

将各段土方量相加，即得总土方量：

$$V = V_1 + V_2 + \cdots + V_n$$

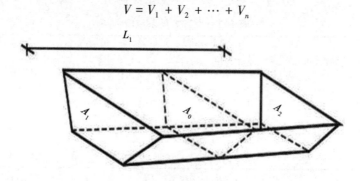

图1-4 基槽土方量计算原理图

【任务实施】

✎ 制订计划，进行决策

根据本任务的要求制订实现本任务的方案，寻求实现任务的方法和手段，并进行决策。

✎ 资料与器材

教材及有关标准、规范，工程图纸、笔纸、计算器。

✎ 实施步骤

（1）收集、准备土方量计算的规范及有关资料。

（2）疑难点点拨。

（3）根据图纸进行土方量计算。

（4）结果检查：验算计算结果。

✎ 实施要求

计算要细致、准确，所有工作要符合规范规定。

【任务评价】

土石方量计算教学评价表

班级：　　　　　　姓名（小组）：　　　　　　本任务得分：

项目	要素	主要评价内容	评价满值分数	得分
职业素养	课堂纪律	课堂不迟到、早退，服从教师管理、组长指挥	5	
	工作态度	认真对待工作任务，独立完成分内工作，严谨审视工作过程，严格检查工作成果	5	
	责任意识	清楚自身责任对小组成绩的影响，明白自身责任存在的重大后果，勇于承担自身责任，负责任地完成工作任务	5	
	团队协作	小组协作、相互交流，组员、同学之间互相带动学习，主动承担组内任务，积极帮助小组成员	5	
	小　　计		20	
技能考评	任务准备	正确、快速地查阅教材及网络相关资料找到土方量计算的方法，明确土方量计算要求	20	
	实施过程	运用正确的计算方法在规定的时间内完成土方量计算，填写任务单	20	
	完成质量	小组配合完成任务，土方量计算结果较准确，不抄袭别人（小组）的结果	20	
	任务工单	根据工单内容填写任务工单，工单内容体现任务成果，工单填写规范、整洁	20	
	小　　计		80	

教师总体评价（描述性评语）

任务二　井点降水施工

【学习目标】

 知识目标

（1）熟悉土方工程施工准备工作的内容。

（2）了解集水坑降水施工工艺。

（3）掌握轻型井点降水施工流程。

能力目标

（1）能根据工程现场条件，完成土方工程的施工准备工作。

（2）能根据现场条件布置轻型井点管网，并进行土方工程排水、降水施工。

【任务描述】

在前面的土方工程中，我们已经计算出该工程的挖方量等数据，并且中标，与甲方签订了施工合同。为了确保施工过程能安全、有效地进行，需要在施工前根据现场实际情况，做好准备工作。由于该地区地下水资源较丰富，地下水位肯定会高出基坑底部，请在基坑开挖前，降低地下水位到合格高度。

【知识链接】

施工准备工作

1. 勘查施工现场

熟悉施工现场，收集施工需要的相关资料，包括施工现场地形、地貌、水文地质情况，地下有无废旧的基础、防空洞，地下管线是否影响施工，了解当地气候情况，是否需要采取季节性施工措施。

2. 清除现场障碍物，平整场地

将施工区域内的所有障碍物，废旧建筑物、构筑物等进行拆除，对影响施工的地下管道、电缆等进行改线，对树木进行移植。

3. 做好排水设施

地面水的排除可以通过设置排水沟、截水沟或修筑土堤等设施来排除和防止地面水流入。

4. 修建临时设施及道路

根据工程的规模、工期长短及施工能力等，修建临时性的生产和生活用设施。场地临时道路应采用临时道路和永久性道路相结合的原则。

✎ 井点降水法

井点降水法就是在基坑开挖前，预先在基坑四周埋设一定数量的滤水管（井），利用抽水设备从中抽水，使地下水位降到坑底以下；在基坑开挖过程中仍不断抽水，使所挖的土始终保持干燥状态，从根本上防止流沙产生。通过井点降水，土内水分排出，可改变边坡坡度，减少挖土量，此外，还可以防止基底隆起和加速地基固结，有利于提高工程质量。图 1-5 为轻型井点降低地下水位全貌结构图。

井点降水法有轻型井点、喷射井点、管井井点、深井井点及电渗井点等，以下主要介绍轻型井点降水法。

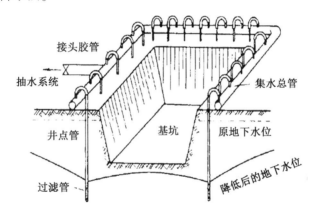

图 1-5　轻型井点降低地下水位全貌结构图

1. 轻型井点设备

轻型井点设备由管路系统和抽水设备组成。管路系统包括滤管、井点管、弯联管及集水总管等。

滤管是井点设备的一个重要部分。滤管的直径宜为 38～50 mm，长度为 1.0～1.5 m，管壁上钻有直径为 10～18 mm 的按梅花状排列的滤孔，滤孔面积为滤管表面积的 20%～50%。外层粗滤网采用每厘米 5～10 眼的塑料纱布。为使水流畅通，避免滤孔淤塞影响水流进入滤管，在管壁与滤网间用小塑料管（或铁丝）绕成螺旋形将二者隔开。滤网的外面用带孔的薄铁管或粗铁丝网保护。滤管的上端与井点管连接，下端为一铸铁头。

井点管宜采用直径为 38～50 mm 的钢管，其长度为 5～7 m，可整根或分节组成。井点管的上端用弯联管与总管相连。弯联管宜用透明塑料管（能随时看到井点管的工作情况）或橡胶软管。总管宜采用直径为 75～150 mm 的钢管分节制成，每节长度为 4 m，其上每隔 0.8 m 或 1.2 m 设有一个与井点管连接的短接头。抽水设备有真空泵、射流泵和隔膜泵三种。图1-6为轻型井点降水施工现场。

图1-6 轻型井点降水施工现场

2. 轻型井点的布置

轻型井点布置根据基坑大小与深度、土质、地下水位高低与流向、降水深度要求等确定。井点布置得是否恰当，对井点使用效果影响较大。图1-7所示为轻型井点降水平面布置图。

平面布置：当基坑或沟槽宽度小于6 m且降水深度不超过5 m时，一般可采用单排线状井点，布置在地下水流的上游一侧，其两端的延伸长度一般以不小于坑（槽）宽度为宜；如基坑宽度大于6 m或土质不良，则宜采用双排井点；当基坑面积较大时，宜采用环形井点；有时为了施工需要，也可留出一段（地下水流下游方向）不封闭。井点管距离基坑壁一般不宜小于1.0 m，以防局部发生漏气。

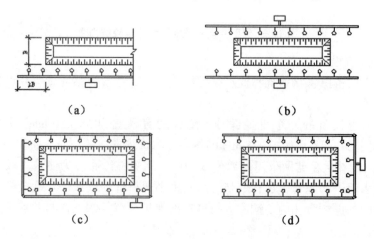

(a)　　　　　　　　　　　(b)

(c)　　　　　　　　　　　(d)

图1-7 轻型井点降水平面布置图

(a) 单排井点；(b) 双排井点；(c) 环形井点；(d) U形井点

井点管间距应根据土质、降水深度、工程性质等按计算或经验确定，一般采用

0.8~1.6 m。靠近河流处与总管四角部位，井点应适当加密。

高程布置：轻型井点的降水深度，一般以不超过 6 m 为宜（图 1-8）。井点管的埋置深度 H（不包括滤管）可按下式计算：

$$H \geqslant H_l + h + iL$$

式中：H_l——总管平台面至基坑底面的距离，m；

  h——基坑底面至降低后的地下水位线的距离，一般取 0.5~1.0 m；

  i——水力坡度，根据实测：双排和环形井点为 1/10，单排井点为 1/4；

  L——井点管至基坑中心的水平距离，m。

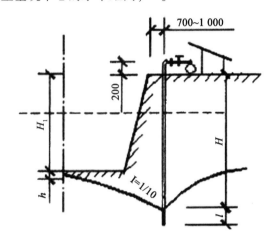

图 1-8 轻型井点降水高程布置图

根据上式算出的 H 值，如大于降水深度 6 m，则应降低总管平台面标高以适应降水深度要求。此外在确定井点管埋置深度时，还要考虑井点管一般是标准长度，井点管露出地面为 0.2~0.3 m。在任何情况下，滤管必须埋在含水层内。

为了充分利用抽吸能力，总管平台标高宜接近原有地下水位线（要事先挖槽），水泵轴心标高宜与总管齐平或略低于总管。

当一层轻型井点达不到降水深度要求时，可根据土质情况，先用其他方法降水（如集水坑降水），然后将总管安装在原有地下水位线以下，以增加降水深度；或采用二层轻型井点，即挖去第一层井点所疏干的土，然后在底部装设第二层井点。

【任务实施】

✎ 制订计划，进行决策

根据本任务的要求制订实现本任务的计划，寻求实现任务的方法和手段，并进行决策。

✎ **资料与器材**

教材及有关标准、规范，集水总管、弯联管、井点管、水泵、施工图纸、地下水位图。

✎ **实施步骤**

（1）收集井点降水操作规范、施工验收规范及有关资料。
（2）疑难点点拨。
（3）根据图纸制订管网的布置方法。
（4）利用水泵进行降水工作。

✎ **实施要求**

在施工前应做好施工准备工作，保证水位降低到所需水平面，达到规范要求，验收要合格。

【知识拓展】

土方工程常用的降水方法中还有一种比较常见的就是集水坑降水法，这种方法适用于规模比较小的多层建筑，此方法已不常用。

集水坑降水法是在基坑开挖过程中，在坑底设置集水坑，并沿坑底的周围或中央开挖排水沟，使水流入集水坑中，然后用水泵抽水。抽出的水应及时引开，防止倒流（图1-9）。

集水坑应设置在基础范围以外，地下水流的上游。根据地下水量大小、基坑平面形状及水泵能力，应每隔20～40 m设置一个集水坑。

集水坑的直径或宽度一般为0.6～0.8 m，深度随着挖土的加深而加深，要保持低于挖土面0.7～1.0 m。当基坑挖至设计标高后，井底应保持低于坑底1～2 m，并铺设碎石滤水层，以免在抽水时间较长时将泥沙抽出，同时防止井底的土被搅动。

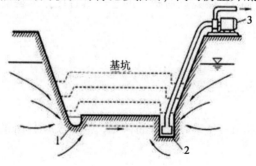

图1-9 集水坑降水法
1. 排水沟；2. 集水井；3. 离心泵

采用集水坑降水时，应根据现场土质条件保持开挖边坡的稳定。边坡坡面上如有局部渗出地下水时，应在渗水处设置过滤层，防止土粒流失，并设置排水沟，将水引出坡面。

【任务评价】

井点降水施工教学评价表

班级：　　　　　　　　姓名（小组）：　　　　　　　　本任务得分：

项目	要素	主要评价内容	评价满值分数	得分
职业素养	课堂纪律	课堂不迟到、早退，服从教师管理、组长指挥	5	
	工作态度	认真对待工作任务，独立完成分内工作，严谨审视工作过程，严格检查工作成果	5	
	责任意识	清楚自身责任对小组成绩的影响，明白自身责任存在的重大后果，勇于承担自身责任，负责任地完成工作任务	5	
	团队协作	小组协作、相互交流，组员、同学之间互相带动学习，主动承担组内任务，积极帮助小组成员	5	
	小　计		20	
技能考评	任务准备	正确、快速地查阅教材及网络上的相关资料找到轻型井点降水的施工方法与规范要求	20	
	实施过程	根据任务要求及施工现场特点，选择合适的布置方法，编写轻型井点降水方案，填写任务单	20	
	完成质量	小组配合完成任务，管网布置合理，方案清晰、准确，不抄袭别人（小组）的成果	20	
	任务工单	根据工单内容填写任务工单，工单内容体现任务成果，工单填写规范、整洁	20	
	小　计		80	
教师总体评价（描述性评语）				

任务三　基坑（槽）开挖

【学习目标】

知识目标

（1）熟悉土方边坡放坡的基本知识。
（2）掌握基坑开挖的基本方法和要求。
（3）掌握基坑（槽）钎探和验槽的方法。

能力目标

（1）能够根据工程实际选择土方放坡坡度。
（2）能进行土方工程的开挖施工。
（3）能对施工完成的基坑（槽）进行钎探及验槽。

【任务描述】

工程的前期准备工作已经做好，可以进行土方开挖工作，请选择土方工程挖方方法，编写基坑开挖施工方案，以便指导现场工程的施工，并对完成质量予以监督。

【知识链接】

边坡加固与土壁支撑

1. 边坡加固

当基坑放坡开挖时，为保护坡面的稳定与坚固，可采取措施对边坡进行护坡处理和加固。目前比较常用的是土钉墙法。

土钉墙是指将基坑边坡通过由钢筋制成的土钉进行加固，边坡表面铺设一道钢筋网，再喷射一层混凝土面层和土方边坡相结合的边坡加固施工方法（图1-10）。

土钉墙适用于一般黏性土和中密以上砂土，且基坑深度不宜超过15 m，基坑边坡坡度一般为70°～80°。土钉一般采用直径为16～25 mm的二级钢筋制成，长度一般为基坑开挖深度的0.7～1.0倍。土钉可按网格或梅花形布置，间距一般为1～2 m；面层配置直径为6～8 mm的钢筋网，钢筋间距150～300 mm；喷射混凝土面层强度不宜低

图 1-10 土钉墙施工

于 C20,厚度一般为 80 ~ 150 mm。

土钉墙施工的主要工序是基坑开挖与修坡、定位放线、安设土钉、挂钢筋网、喷射混凝土（图 1-11）。

图 1-11 土钉墙混凝土喷射

2. 土壁支撑

在基坑或基槽开挖时,如果周围建筑物密集或周围条件不允许放坡开挖,或深基坑按规定坡度进行放坡土方量太大时,可采用土壁支撑的方法进行施工。土壁支撑的方法有很多,如横撑式支撑、悬臂式排桩挡土支护结构、锚杆式排桩、土钉墙等。

横撑式支撑按照支撑方式的不同,主要分为断续式水平支撑、连续式水平支撑和连续式垂直支撑。

断续式水平支撑的挡土板水平放置,中间留出间隔,并在两侧同时对称立竖方木,再用工具式横撑上下顶紧。适用于深度在 3 m 以内的干土或天然湿度的黏土类土。

连续式水平支撑的挡土板水平放置,不留间隔,然后两侧同时对称立竖方木,再用工具式横撑上下顶紧。适用于深度在 3~5 m 的较松散的干土或天然湿度的黏土类土。

连续式垂直支撑的挡土板垂直连续放置,然后每侧上下各水平设置一道方木,再用横撑顶紧。适用于土质较松散或湿度很高的土,基坑深度不限(图 1-12)。

图 1-12　连续式垂直支撑

🖊 基坑开挖方法与要求

首先进行测量定位,抄平放线,定出开挖位置。根据基坑的开挖深度、土质及水文地质情况来确定是否放坡,是否需要采取临时性支撑加固等。如需放坡时,必须按照规范或设计要求的坡度大小来放坡。坑底宽度每边应结合基础类型留出一定宽度的工作面,以便于施工操作(图 1-13)。

当基底标高不同时,应遵守先深后浅的施工顺序,挖方时应分层开挖,及时修整边坡。快要挖至设计标高时,应特别注意采取措施防止对地基土的扰动。采用人工挖土,如基坑挖好后不立即进行下道工序施工时,应预留 15~30 cm 厚的土层不挖,待下道工序开始前再挖至设计标高。采用机械开挖基坑时,为避免机械扰动基底土,应在基底标高以上预留 20~30 cm 厚的土层人工清理。

在地下水位以下挖土,应在将水位降至基底标高以下 0.5 m 方可施工,降水工作应持续到基础及地下水位以下的回填土施工完毕方可停止。

基坑开挖过程中,应尽可能减少边坡上部荷载,当土质较好时,堆土或材料应距挖方边缘 0.8 m 以外,高度不宜超过 1.5 m。

图 1-13　基坑开挖施工

土方开挖必须遵循十六个字：开槽支撑、先撑后挖、分层开挖、严禁超挖。

✎ 钎探与验槽

1. 钎探

钎探主要用来检验地基土半径每 2 m 范围内的土质是否均匀，是否有局部过硬或过软的部位，是否有地洞、墓穴等异常情况。钎探是指在基坑（槽）挖好后，用大锤把钢钎打入地基土中，根据每点打入一定深度的锤击次数，来判定地基土质情况。

钎探孔布置和钎探深度应根据地基土质的复杂情况和基槽尺寸而定，一般可参照表 1-2。

钎探时，首先根据基槽尺寸绘制基槽平面图，在图上根据钎探探孔的平面位置，并沿一定的行走路线依次编号，绘制成钎探平面图。钎探完毕后，用砖等块状材料盖孔，待验槽时还要验孔。验槽完毕后，用粗砂灌孔。

表 1-2　钎孔布置

槽宽/cm	排列方式	间距/m	钎探深度/m
小于80	中心一排	1~2	1.2
80~200	两排错开	1~2	1.5
大于200	梅花形	1~2	2.0
柱基	梅花形	1~2	>1.5 m，并不小短边宽度

全部钎探完毕后，应逐层地分析研究钎探记录，逐点进行比较，将锤击数过多或过少的钎孔在钎探平面图上做上记号，然后再在该部位进行重点检查。

2. 验槽

钎探完毕后，应由建设单位会同设计、施工、地质勘查、监理单位等共同进行验槽，核对地质资料，检查地基土与工程地质勘查报告、设计图纸要求等是否相符，有无破坏原状土结构或发生较大的扰动现象。主要有以下几方面内容：

根据槽壁土层分布情况及走向，初步判定全部基底土是否满足设计要求的土性。

检查槽底土是否已挖至地质勘查报告要求的土层，是否需继续下挖或进行处理。

检查整个基底土的颜色是否均匀一致；是否有局部含水量异常等现象，走上去是否有颤动的感觉等。如有异常部位，要会同设计等有关单位进行处理。

检查基底标高和平面尺寸是否符合设计要求。土方开挖质量检验标准应符合《建筑地基基础工程施工质量验收规范》（GB 50202—2002）的规定。

【任务实施】

制订计划，进行决策

根据本任务的要求制订实现本任务的计划，寻求实现任务的方法和手段，并进行决策。

资料与器材

教材及有关标准、规范，任务一中算得的挖方量及工程图纸，挖土机、翻斗车、钢筋网、钎针、橡胶锤。

实施步骤

（1）收集、准备施工规范、施工验收规范及有关资料。

（2）疑难点点拨。

（3）根据图纸及算得的挖方量选择挖方方法。

（4）编写挖方施工方案。

实施要求

在施工前应做好施工准备工作，协调好土方的挖方、运输等工作，严格按照规定来验槽，施工时注意安全。

【任务评价】

基坑（槽）开挖教学评价表

班级： 姓名（小组）： 本任务得分：

项目	要素	主要评价内容	评价满值分数	得分
职业素养	课堂纪律	课堂不迟到、早退，服从教师管理、组长指挥	5	
	工作态度	认真对待工作任务，独立完成分内工作，严谨审视工作过程，严格检查工作成果	5	
	责任意识	清楚自身责任对小组成绩的影响，明白自身责任存在的重大后果，勇于承担自身责任，负责任地完成工作任务	5	
	团队协作	小组协作、相互交流，组员、同学之间互相带动学习，主动承担组内任务，积极帮助小组成员	5	
	小　　计		20	
技能考评	任务准备	正确、快速地查阅教材及网络上的相关资料找到土方开挖涉及的机械、主要的操作方法以及规范的相关要求	20	
	实施过程	根据任务要求及工程特点，判断是否放坡，编写土方开挖施工方案，填写任务单	20	
	完成质量	小组配合完成任务，对是否放坡判断准确并写出合适边坡坡度，施工方案清晰、准确，不抄袭别人（小组）的成果	20	
	任务工单	根据工单内容填写任务工单，工单内容体现任务成果，工单填写规范、整洁	20	
	小　　计		80	
教师总体评价（描述性评语）				

任务四　土方回填实施

【学习目标】

知识目标

（1）了解土方填筑的要求。

（2）掌握土方回填的施工流程。

（3）掌握回填土的压实工艺。

能力目标

（1）能根据实际情况进行土方回填施工。

（2）能按照现场实际情况进行或指导工人完成回填土的压实施工。

【任务描述】

在基坑土方开挖，基础施工完毕后，需要进行土的回填工作。为保证填方工程满足强度、变形和稳定性方面的要求，请合理选择填筑和压实方法。

【知识链接】

填筑要求

填方前，应根据工程特点、填料种类、设计压实系数、施工条件等合理选择压实机具，并确定填料含水量控制范围、铺土厚度和压实遍数等参数。对于重要的填方工程或采用新型压实机具时，上述参数应通过填土试验确定。

填土时应先清除基底的树根、积水、淤泥和有机杂物，并分层回填、压实。填土应尽量用同类土填筑。如采用不同类填料分层填筑时，上层宜填筑透水性较小的填料，下层宜填筑透水性较大的填料。填方基土表面应做成适当的排水坡度，边坡不得用透水性较小的填料封闭。填方施工应接近水平的分层填筑。当填方位于倾斜的地面时，应先将斜坡挖成阶梯状，然后分层填筑以防填土横向移动（图1-14）。

图 1-14　土方回填施工

填土压实的质量检查

填土必须具有一定的密实度，以避免建筑物的不均匀沉陷。填土密实度以设计规定的控制密度 ρ_d 或规定压实系数 λ_c 作为检查标准。利用填土作为地基时，设计规范规定了各种结构类型、各种填土部位的压实系数值。各种填土的最大干密度乘以设计的压实系数即得到施工控制干密度。

填土压实后的实际干密度，应有 90% 以上符合设计要求，其余 10% 的最低值与设计值的差，不得大于 0.08 g/cm^3，且差值应较为分散。

填土的压实方法

填土压实方法有碾压法、夯实法和振动法三种，此外还可利用运土工具压实。

1. 碾压法

碾压法是由沿着表面滚动的鼓筒或轮子的压力压实土壤。一切拖动和自动的碾压机具，如平滚碾、羊足碾和气胎碾等的工作都属于同一原理。

碾压法主要用于大面积的填土，如场地平整、大型车间的室内填土等工程。平滚碾适用于碾压黏性和非黏性土；羊足碾只能来压实黏性土；气胎碾对土壤碾压较为均匀，故其填土质量较好。

按碾轮质量，平滚碾又分为轻型（5 t 以下）、中型（8 t 以下）和重型（10 t）三种，如图 1-15 所示。轻型平滚碾压实土层的厚度不大，但土层上部可变得较密实，当用轻型平滚碾初碾后，再用重型平滚碾碾压，就会取得较好的效果。如直接用重型平滚碾碾压松土，则形成强烈的起伏现象，其碾压效果较差。

2. 夯实法

夯实法是利用夯锤自由下落的冲击力来夯实土壤，主要用于小面积的回填土。夯实机具类型较多，有木夯、石夯、蛙式打夯机、火力夯以及利用挖土机或起重机装上夯板后的夯土机等。其中蛙式打夯机轻巧灵活，构造简单，在小型土方工程中应用最

图 1-15　平滚碾

广，如图 1-16 所示。

夯实法的优点是可以夯实较厚的土层。采用重型夯土机（如 1 t 以上的重锤）时，其夯实厚度可达 1~1.5 m。但对木夯、石夯或蛙式打夯机等夯土工具，其夯实厚度则较小，一般均在 200 mm 以内。

图 1-16　蛙式打夯机

3. 振动法

振动法是将重锤放在土层的表面或内部，借助于振动设备使重锤振动，土壤颗粒即发生相对位移达到紧密状态。此法用于振实非黏性土效果较好。

近年来，又将碾压和振动结合而设计和制造出振动平碾、振动凸块碾等新型压实机械，振动平碾适用于填料为爆破碎石碴、碎石类土、杂填土或粉土的大型填方；振动凸块碾则适用于粉质黏土或黏土的大型填方。当压实爆破石碴或碎石类土时，可选用8~15 t重的振动平碾，铺土厚度为0.6~1.5 m，先静压、后振压，碾压遍数应由现场试验确定，一般为6~8遍（图1-17）。

图1-17 振动板与振动平碾

✎ 影响填土压实质量的因素

填土压实质量与许多因素有关，其中主要影响因素为压实功、土的含水量以及每层铺土厚度。

【任务实施】

✎ 制订计划，进行决策

根据本任务的要求制订实现本任务的计划，寻求实现任务的方法和手段，并进行决策。

✎ 资料与器材

教材及有关标准、规范，任务一中计算出的挖土方量，蛙式打夯机，翻斗车。

✎ 实施步骤

（1）收集规范及验收标准。

（2）疑难点点拨。

（3）计算出回填土方量。

（4）选择回填、压实方法及相关机械。

✎ **实施要求**

计算的回填土方量要准确，填土应密实，验收需合格。

【任务评价】

土方回填实施教学评价表

班级：　　　　　　姓名（小组）：　　　　　　本任务得分：

项目	要素	主要评价内容	评价满值分数	得分
职业素养	课堂纪律	课堂不迟到、早退，服从教师管理、组长指挥	5	
	工作态度	认真对待工作任务，独立完成分内工作，严谨审视工作过程，严格检查工作成果	5	
	责任意识	清楚自身责任对小组成绩的影响，明白自身责任存在的重大后果，勇于承担自身责任，负责任地完成工作任务	5	
	团队协作	小组协作、相互交流，组员、同学之间互相带动学习，主动承担组内任务，积极帮助小组成员	5	
	小　计		20	
技能考评	任务准备	正确、快速地查阅教材及网络上的相关资料找到填土压实的方法及土方回填规范要求	20	
	实施过程	根据任务要求及施工现场特点，对基坑进行回填，选择适合的填土压实方法，编写回填土压实方案，填写任务单	20	
	完成质量	小组配合完成任务，回填土为原土或性能接近，压实方法合理，方案清晰、准确，不抄袭别人（小组）的成果	20	
	任务工单	根据工单内容填写任务工单，工单内容体现任务成果，工单填写规范、整洁	20	
	小　计		80	
教师总体评价（描述性评语）				

【拓展练习】

一、填空题

1. 轻型井点降水管路系统主要由（　　　）、（　　　）、（　　　）和（　　　）组成。

2. 在轻型井点布置的时候往往需要考虑（　　　）和（　　　）两个方面。

3. 轻型井点系统的平面布置方法有（　　　）、（　　　）和（　　　）。

4. 场地平整中的"三通"指的是（　　　）、（　　　）和（　　　）。

5. 土方边坡的放坡形式有（　　　）、（　　　）和（　　　）。

6. 当工程周围建筑物不允许放坡的时候，可采用（　　　）的方法施工。

7. 影响填土压实的主要因素有（　　　）、（　　　）、（　　　）。

8. 回填土的压实方法有（　　　）、（　　　）和（　　　）。

9. 小面积的回填土夯实主要使用的设备是（　　　）。

二、单选题

1. 土方工程的分类包括场地平整、（　　　）、基坑（槽）回填和路基修筑。
A. 沟槽开挖　　　B. 基础回填　　　C. 基坑（槽）开挖　　　D. 挖土方

2. 在工程上，根据开挖的难易程度土将土分为（　　　）类。
A. 4　　　　　　B. 6　　　　　　C. 8　　　　　　　D. 10

3. 土方量计算得到的最终结果的单位是（　　　）
A. kg　　　　　B. m^3　　　　　C. m^2　　　　　　D. t

4. 降水与排水措施中，对于地面水可采用在基坑周围设置截水沟、（　　　）或筑土堤等方法。
A. 井点降水　　　B. 排水沟　　　C. 轻型井点　　　D. 滤水层

5. 轻型井点降水是使原有地下水位降至（　　　）以下。
A. 基础底部　　　B. 坑底　　　C. 基础顶部　　　D 室外地坪

6. 轻型井点系统在平面布置时，往往要布置在地下水的（　　　）方向。
A. 上游　　　B. 下游　　　C. 与地下水流动方向平行　　　D. 随意布置

7. 土方边坡坡度以其（　　　）表示。
A. 宽与深之比　　　B. 深与宽之比　　　C. 高与宽之比　　　D. 宽与高之比

8. 在地下水位以下挖土，应在将水位降至基底标高以下（　　　）方可施工。
A. 0.1 m　　　B. 0.3 m　　　C. 0.5 m　　　D. 1 m

9. 基槽的土方开挖，一般应遵循（　　　）的原则。
A. 分层开挖、先挖后撑　　　B. 分段开挖、先撑后挖

C. 分层开挖、先撑后挖　　　　D. 分段开挖、先挖后撑

10. 土方回填应尽量用（　　）填筑。

A. 废土　　　　B. 场地附近的土　　　　C. 同类土　　　　D. 孔隙率更低的土

11. 填方工程要求（　　）。

A. 由上至下分层铺填，分层夯实　　　　B. 由下至上分层铺填，一次夯实

C. 永久性填方边坡应符合有关规定　　　　D. 填方可不预留沉降量

12. 采用不同透水性土质填筑时，应遵循的原则是（　　）。

A. 透水性小的在下，透水性大的在上　　　　B. 透水性小的在上，透水性大的在下

C. 两种土质混合填筑　　　　D. 以上均可

三、简答题

1. 土方工程的特点是什么？

2. 什么是基坑？什么是基槽？

3. 基坑降水方法有哪些？其适用范围如何？

4. 井点降水能起什么作用？井点降水的方法有哪些？

5. 影响土方边坡大小的因素有哪些？

6. 如何进行钎探？如何验槽？

7. 说出对填土的技术要求。

8. 如何进行土方工程填筑压实的质量检查？

四、计算题

某工程准备进行基坑的施工，根据现场条件，决定采用轻型井点降水法降低地下水位，并且现场条件允许放坡，在基础完成后，将会用原土进行回填。已知该基坑底的平面尺寸图（图1-18），基坑深3 m，基坑边坡放坡为1∶0.5，试计算该基坑土方量。

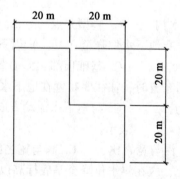

图1-18　基坑坑底的平面尺寸图

项目二 预制桩施工

【项目描述】

预制桩是常见的桩基础的一种，主要包括制作、运输、打桩等工序，在施工过程中应根据实际情况选择合适的施工机具与施工方法。

【学习目标】

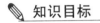

知识目标

（1）掌握预制桩的制作方法与流程。
（2）掌握预制桩的运输及起吊的方法与要求。
（3）掌握预制桩的打桩工艺及机器类型。

能力目标

（1）能按照预制桩的规格制作预制桩。
（2）能根据预制桩沉桩的施工工序进行沉桩施工。

素养目标

（1）具备严谨的工作态度，严格按规范要求进行施工操作。
（2）具备踏踏实实的工作作风。
（3）具有安全意识，培养安全施工的素养。

【设备准备】

模板、钢筋、混凝土、卡车、桩架、桩锤、电锯、钢桩等。

【课时分配】

序号	任务名称	课时分配（课时）	
		理论	实训
一	预制桩制作与运输	3	3
二	预制桩沉桩	2	2
合计		10	

任务一　预制桩制作与运输

【学习目标】

知识目标

（1）了解预制桩的种类。
（2）掌握预制桩的制作工艺。
（3）熟悉预制桩的运输要求。

能力目标

（1）能够按照桩的规格要求与工序制作预制桩。
（2）能够指导预制桩的吊装与运输。
（3）能根据规范要求在施工现场正确地堆放预制桩。

【任务描述】

现在某位于市区内的工程需要一批预制桩来完成该工程的桩基础工作，并将预制桩的相关要求告知我们。请将需要的预制桩制作出来，并运送到施工现场。

【知识链接】

桩的种类

桩是深入土层的柱形承载构件，是最为常用的深基础。除了作为基础使用外，桩

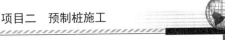

还能起到护壁的作用。

　　桩的分类：

　　按桩的制作材料分，有木桩、钢桩和钢筋混凝土桩。

　　按桩的横向截面分，有圆形、管形、正方形、三角形、十字形等。

　　按桩的竖向荷载的方向分，有抗压桩和抗拔桩。

　　按桩的传力及作用性质分，有端承桩和摩擦桩。

　　按施工方法分，有预制桩和灌注桩。

　　预制桩是在工厂或施工现场先将桩制作好，而后用沉桩设备将桩打入、压入、振入或旋入土中（图2-1）。其中锤击打入和压入法是较常用的两种方法。

　　灌注桩是在施工现场的桩位上先成孔，然后在孔内放入钢筋并灌注混凝土而成。

图 2-1　预制桩组成

✎ 预制桩的优点

　　预制桩具有制作方便、成桩速度快、桩身质量易于控制、承载力高等优点，并能根据需要制成不同形状、不同尺寸的截面和长度，且不受地下水位影响，不存在泥浆排放问题，是最常用的一种桩型。

✎ 预制桩的制作

　　混凝土预制桩断面主要有实心方桩和管桩两种常见形式（图2-2）。实心方桩截面尺寸一般为 200 mm×200 mm 至 600 mm×600 mm。单根桩长度取决于桩架高度，一般不超过 27 m。如需打设 30 m 以上的桩，则应将桩分段预制，在打桩过程中逐段接长。较短的实心桩多在预制厂生产，较长桩则多在现场预制。

图 2-2　方桩与管桩

　　桩的预制方法有并列法、间隔法、叠浇法和翻模法等。现场预制桩多采用重叠法间隔制作，重叠层数根据地面承载能力和施工条件确定，一般不宜超过 4 层。场地应平整、坚实，做好排水，不得产生不均匀沉陷，桩和桩之间应做好隔离层，上层桩或邻桩的混凝土浇筑应在下层桩或邻桩的混凝土达到设计强度的30%以后方可进行（图2-3、图2-4）。

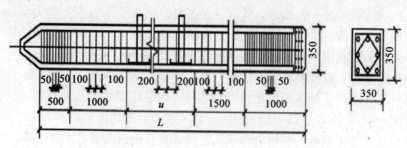

图2-3　方桩示意图

图2-4　预制桩制作

预制桩钢筋骨架的主筋连接宜采用对焊。主筋接头配置在同一截面内的数量应符合下列规定：当采用闪光对焊和电弧焊时，不得超过50%；同一根钢筋两个接头的距离应大于35d（d为主筋直径），且不小于500 mm。（注：同一截面是指35d区域内，但不小于500 mm。）

预制桩混凝土强度等级常用C30～C50。混凝土粗骨料应使用碎石或碎卵石，粒径宜为5～40 mm。混凝土应由桩顶向桩尖连续浇筑，严禁中断。混凝土洒水养护时间不应少于7天。

制作完成的预制桩应在每根桩上标明编号及制作日期，如设计不埋设吊环，则应标明绑扎点位置。预制桩的几何尺寸允许偏差为：横截面边长±5 mm；桩顶对角线之差10 mm；混凝土保护层厚度±5 mm；桩身弯曲矢高不大于0.1%桩长，且不大于20 mm；桩尖中心线10 mm；桩顶平面对桩中心线的倾斜≤3 mm。预制桩制作质量还应符合下列规定：

（1）桩的表面应平整、密实，掉角深度不应超过10 mm，且局部蜂窝和掉角的缺损总面积不得超过该桩表面全部面积的0.5%，同时不得过分集中；

（2）由于混凝土收缩产生的裂缝，深度不得大于20 mm，宽度不得大于0.25 mm，横向裂缝长度不得超过边长的一半（管桩或多角形桩不得超过直径或对角线的1/2）；

（3）桩顶和桩尖处不得有蜂窝、麻面、裂缝和掉角。

预制桩的起吊、运输、堆放

预制桩混凝土强度达到设计强度等级的70%以上方可起吊，达到100%才能运输和打桩。如需提前吊运，必须验算合格。起吊时吊点位置符合设计规定。若设计无规定时，可按弯矩最小原则确定吊点位置。捆绑时钢丝绳与桩之间应加衬垫，以防损坏棱角。起吊前应先将桩分开，不宜直接起吊，以防拉裂吊环或损坏桩身。开桩方法应由两头向中间或由一端向另一端进行，不得由中间向两端进行，否则会导致桩身开裂。

打桩前，需将桩从制作处运至现场堆放或直接运至桩架前。一般根据打桩顺序和速度随打随运，以减少二次搬运工作。若要长距离运输，可采用平板拖车或轻轨平板车。长桩运输时，桩下要设置活动支座。经搬运的桩应进行质量复查。

桩堆放时，地面必须平整坚实，垫木间距应根据吊点确定，上下垫木应在同一垂直线上，最下层垫木应加宽些，堆放层数不宜超过4层。不同规格的桩应分别堆放。

【任务实施】

制订计划，进行决策

根据本任务的要求制订实现本任务的计划，寻求实现任务的方法和手段，并进行决策。

资料与器材

教材及有关标准、规范，模板、钢筋笼、混凝土搅拌机、振捣棒。

实施步骤

（1）收集、准备预制桩施工的操作规范、施工验收规范及有关资料。
（2）疑难点点拨。
（3）根据桩的尺寸搭设模板。
（4）放入钢筋骨架，并浇筑混凝土。

实施要求

在施工前应做好施工准备工作，保证制作质量，达到规范规强度标准，验收要合格。

【知识拓展】

📝 端承桩和摩擦桩

桩按传力和作用性质不同，分为端承桩和摩擦桩两类。端承桩是指穿过软弱土层并将建筑物的荷载直接传给桩端的坚硬土层的桩。摩擦桩是指沉入软弱土层一定深度，将建筑物的荷载传布到四周的土中和桩端下的土中，主要是靠桩身侧面与土之间摩擦力承受上部结构荷载的桩。

【任务评价】

预制桩制作与运输教学评价表

班级：　　　　　姓名（小组）：　　　　　本任务得分：

项目	要素	主要评价内容	评价满值分数	得分
职业素养	课堂纪律	课堂不迟到、早退，服从教师管理、组长指挥	5	
	工作态度	认真对待工作任务，独立完成分内工作，严谨审视工作过程，严格检查工作成果	5	
	责任意识	清楚自身责任对小组成绩的影响，明白自身责任存在的重大后果，勇于承担自身责任，负责任地完成工作任务	5	
	团队协作	小组协作、相互交流，组员、同学之间互相带动学习，主动承担组内任务，积极帮助小组成员	5	
	小　计		20	
技能考评	任务准备	正确、快速地查阅教材及网络上的相关资料找到预制桩制作的方法及要求，预制桩运输及堆放的要求	20	
	实施过程	根据任务要求，运用正确的制作方法制作预制桩，编写预制桩运输及堆放施工方案，填写任务单	20	
	完成质量	小组配合完成任务，预制桩配筋牢固、强度高、无明显裂缝，施工方案清晰、准确，不抄袭别人（小组）的成果	20	
	任务工单	根据工单内容填写任务工单，工单内容体现任务成果，工单填写规范、整洁	20	
	小　计		80	
教师总体评价（描述性评语）				

任务二　预制桩沉桩

【学习目标】

知识目标

（1）熟悉预制桩打桩的准备工作。

（2）掌握预制桩的沉桩工艺。

（3）了解预制桩打桩的规范要求。

能力目标

（1）能够选择合适的施工设备进行打桩施工。

（2）能进行接桩、截桩及送桩施工。

（3）能对预制桩基础的施工质量进行检查、验收。

【任务描述】

将桩运送到现场后，需要将桩沉入预先制订的桩位点中，请根据现场条件选择合适的施工机械，并编制沉桩方案。

【知识链接】

打桩前的准备工作

打桩前应做好以下准备工作：

（1）清除地上、地下障碍物，平整场地。打桩前应处理地上和地下的障碍物（如树木、电线杆、地下管线、旧基础等）。桩机进场及移动范围内的场地应平整压实，以使地面有一定的承载力，并保证桩机垂直平稳、不下陷倾倒。施工现场应保持排水沟畅通。

（2）材料、机具准备及接通水、电源。

（3）进行打桩试验，以便检验设备和工艺是否符合要求。规范规定，试桩不得少于2根。

（4）确定打桩顺序。打桩顺序直接影响打桩质量和施工进度。打桩顺序应根据周围地形、环境、土质、桩的密度、桩的规格及桩机类型来决定。

根据桩的密集程度，打桩顺序分为：逐排打设、从中间向四周打设、分段打设等（图2-5）。

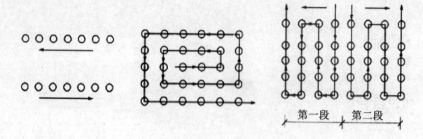

图 2-5　打桩顺序

当桩较密集时（桩中心距小于或等于 4 倍桩边长或直径），应由中间向两侧打设或由中间向四周打设。当桩数较多时，也可采用分段打设的顺序。

当桩较稀疏时（桩中心距大于 4 倍桩边长或直径），除可采用上述两种顺序外，也可采用逐排打设或由两侧同时向中间施打。逐排打设，桩架单方向移动，打桩效率高，但土体朝一个方向挤压，所以当桩区附近有建筑物或地下管线时，应背离它们施打；对同一排桩而言，必要时可采用间隔跳打方式进行。

当桩的规格、埋深、长度不同时，宜按先大后小、先深后浅、先长后短的顺序施打。当桩头高出地面时，桩机宜往后退打，反之可往前顶打。

✎ 预制桩沉桩

预制桩沉桩的施工过程如图 2-6、图 2-7、图 2-8 所示。

1. 打桩工艺

定锤吊桩→打桩→接桩及截桩头→打桩测量和记录。

打桩时应"重锤低击"，以取得良好的效果。始打时要用小落距（一般为 0.6 m 左右），入土 1~2 m 后再全落距击打。打桩过程中，应经常检查打桩架的垂直度，如偏差超过 1%，则应及时纠正，以免把桩打斜。

当施工设备条件等对桩的长度有限制，而桩的设计长度又较大时，需采用多节桩段连接而成。一般混凝土预制桩接头不宜超过 2 个。接头的连接方法有三种：焊接法、浆锚法和法兰接桩法。焊接法和法兰法适用于各类土层，浆锚法适用于软弱土层。

打桩是隐蔽工程，必须对每根桩的施打进行测量并做好详细记录。用落锤、单动汽锤或柴油锤打桩时，从开始就需记下每下沉 1 m 所需的锤击数。当桩下沉接近设计标高时，则应以一定落距测其每阵（10 击）的贯入度，使其达到设计承载力所要求的贯入度。用双动汽锤时，从开始就应记录桩身每下沉 1 m 所需的锤击时间，以观察其沉入速度。当桩下沉接近设计标高时，则应测量每分钟下沉值。

2. 打桩的质量要求

打桩工程质量要求包括两方面：一是最后贯入度或标高符合设计要求；二是桩的

图 2-6　预制桩沉桩

图 2-7　预制桩接桩

图 2-8　桩头处理

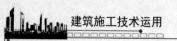

偏差应在允许范围内。

【任务实施】

✎ 制订计划，进行决策

根据本任务的要求制订实现本任务的计划，寻求实现任务的方法和手段，并进行决策。

✎ 资料与器材

教材及有关标准、规范，任务一中已经制作好的桩、桩架、桩锤、静力压桩机。

✎ 实施步骤

（1）收集、准备预制桩施工的操作规范、施工验收规范及有关资料。
（2）疑难点点拨。
（3）根据施工现场条件选择沉桩机械与方法。
（4）编制沉桩方案。

✎ 实施要求

在施工前应做好施工准备工作，保证施工质量，达到规范规定的质量标准，验收时需合格。

【知识拓展】

锤击法沉桩，又称打入法，是利用桩锤自由下落或者强迫下落所产生的冲击力冲击桩顶，迫使桩身沉入土中的施工方法。所用的机械设备主要有桩锤、桩架和动力装置三部分。

桩锤，常用的有落锤、单动汽锤、双动汽锤、柴油锤、液压锤。

桩架也称打桩架，主要由底盘、导杆、斜撑、滑轮组和动力设备组成。桩架主要有滚管式桩架、轨道式桩架、步履式桩架和履带式桩架。

动力装置主要包括起动桩锤用的动力设施，如卷扬机、空气压缩机等。

锤击法打桩往往会产生很大的噪声，并不适宜市区内的施工，因此，除了锤击法打桩设备外，还有振动沉桩机、静力压桩机等噪声较小的沉桩设备。在沉桩设备选择的时候，应考虑施工位置环境、土层情况等多种因素。

【任务评价】

预制桩沉桩教学评价表

班级：　　　　　　姓名（小组）：　　　　　　本任务得分：

项目	要素	主要评价内容	评价满值分数	得分
职业素养	课堂纪律	课堂不迟到、早退，服从教师管理、组长指挥	5	
	工作态度	认真对待工作任务，独立完成分内工作，严谨审视工作过程，严格检查工作成果	5	
	责任意识	清楚自身责任对小组成绩的影响，明白自身责任存在的重大后果，勇于承担自身责任，负责任地完成工作任务	5	
	团队协作	小组协作、相互交流，组员、同学之间互相带动学习，主动承担组内任务，积极帮助小组成员	5	
	小　　计		20	
技能考评	任务准备	正确、快速地查阅教材及网络上的相关资料找到预制桩沉桩的施工工艺与规范要求	20	
	实施过程	根据任务要求及施工现场特点，选择合适的打桩顺序及沉桩机械，编写预制桩沉桩方案，填写任务单	20	
	完成质量	小组配合完成任务，打桩顺序合理，沉桩机械符合要求，沉桩方案清晰、准确，不抄袭别人（小组）的成果	20	
	任务工单	根据工单内容填写任务工单，工单内容体现任务成果，工单填写规范、整洁	20	
	小　　计		80	
教师总体评价（描述性评语）				

【拓展练习】

一、填空题

1. 预制桩断面主要有（　　　　）和（　　　　）两种形式。
2. 桩的预制方法有（　　　）、（　　　）、（　　　）和（　　　　）等。
3. 预制桩除了作为桩基础使用外，还可以用作（　　　　）。
4. 预制桩的打桩顺序有（　　　）、（　　　）、（　　　）。
5. 预制桩打桩的机械设备由（　　　）、（　　　）和（　　　　）组成。
6. 预制桩的接桩方法有（　　　）、（　　　）及（　　　）。
7. 桩按照荷载传递方式可分为（　　　）和（　　　）。

二、单选题

1. 预制桩的混凝土等级不得低于（　　）。
A. C20　　　　　　B. C25　　　　　　C. C30　　　　　D. C40
2. 预制桩的混凝土达到设计强度的（　　）时，方可运输及打桩。
A. 50%　　　　　　B. 70%　　　　　　C. 90%　　　　　D. 100%
3. 预制桩堆放时，最多不能超过（　　）层。
A. 2　　　　　　　B. 3　　　　　　　C. 4　　　　　　D. 5
4. 如需打的桩超过（　　）时，应分段预制。
A. 20 m　　　　　　B. 30 m　　　　　　C. 40 m　　　　　D. 50 m
5. 打桩宜采用（　　）方式。
A. 轻锤高击　　B. 重锤高击　　C. 轻锤低击　　D. 重锤低击
6. 在人口较密集的市中心，宜采用的打桩设备是（　　　）。
A. 气锤　　　　B. 履带式桩架　　C. 静力压桩机　　D. 柴油桩锤

三、简答题

1. 说出预制桩的特点。
2. 如何制作预制桩？
3. 说出预制桩在运输过程中应注意哪些？
4. 预制桩打桩前的准备工作有哪些？
5. 沉桩过程的具体要求是什么？

项目三　灌注桩施工

【项目描述】

灌注桩是一种就地成型的桩，即直接在桩位上先施工成型桩孔，然后在孔中放入钢筋笼，再浇灌混凝土等材料所成的桩。灌注桩与预制桩相比较，能大量节约钢材和劳动力，节约资金约 50%，因此，灌注桩的应用比预制桩更为广泛。

【学习目标】

知识目标

（1）熟悉灌注桩成孔的方法与机械。
（2）掌握灌注桩的施工工艺。
（3）掌握灌注桩施工的规范要求。

能力目标

（1）能够进行灌注桩桩孔的成孔施工。
（2）能进行灌注桩钢筋笼的放入与混凝土的灌注施工。

素养目标

（1）具有严谨的工作态度，能够认真完成工作。
（2）具备良好的沟通、交流能力。
（3）具有明确的岗位意识。
（4）具有安全意识，培养安全施工的素养。
（5）提高施工中的质量意识。

【设备准备】

螺旋钻机、水泵、水管、漏斗、钢筋、混凝土等。

【课时分配】

序号	任务名称	课时分配（课时）	
		理论	实训
一	灌注桩成孔	4	2
二	灌注桩成桩	2	2
合计		10	

任务一　灌注桩成孔

【学习目标】

✎ 知识目标

（1）了解灌注桩成孔使用的机械设备。
（2）熟悉泥浆护壁成孔方式的方法与要求。
（3）掌握灌注桩成孔的施工流程。

✎ 能力目标

（1）能根据现场条件选择合适的成孔设备。
（2）能根据需要选择灌注桩成孔的方式。
（3）能进行灌注桩的成孔施工。

【任务描述】

某位于郊区的工程决定采用灌注桩来作为桩基础，已知该地区土质较松软，地下水含量丰富，请选择该工程的成孔设备，并进行成孔工作。

【知识链接】

成孔方法：灌注桩按成孔设备和方法可划分为钻孔灌注桩、冲孔灌注桩、沉管灌注桩、人工挖孔灌注桩等。

✎ 钻孔灌注桩

钻孔灌注桩是指利用钻孔机械钻出桩孔，并在孔中浇筑混凝土（或先在孔中吊放钢筋笼）而成的桩。根据工程的不同性质、地下水位情况及工程土质性质，钻孔灌注桩有螺旋钻孔灌注桩（分长螺旋和短螺旋）（图 3-1）、潜水钻成孔灌注桩（图 3-2）等。潜水钻成孔过程中要采用泥浆护壁成孔。

图 3-1　螺旋钻孔灌注桩

1. 施工工艺流程

泥浆护壁钻孔灌注桩施工工艺流程是：场地平整→桩位放线→开挖浆池、浆沟→护筒埋设→钻机就位、孔位校正→成孔、泥浆循环、清除废浆、泥渣→清孔换浆→终孔验收→下钢筋笼和钢导管→浇筑水下混凝土→成桩。

潜水钻成孔的排渣方法有正循环和反循环两种。正循环法是用泥浆泵压送高压泥浆，使其从钻头底端射出，与钻头切碎的石屑、土粒混合，泥浆不断由孔底向孔口自然溢出，将泥渣排出；反循环法则是用砂石泵或空气吸泥机不断地吸出混有切碎的石屑、土粒的泥浆的方式排出泥渣。

2. 泥浆护壁成孔灌注桩施工

在成孔时应随时测定和控制泥浆密度，如遇较好土层可采取自成泥浆护壁。

3. 灌注桩的质量检验

灌注桩的质量检验应较其他桩种严格，因此，现场施工对监测手段要事先落实。

4. 灌注桩的沉渣厚度

灌注桩的沉渣厚度应在钢筋笼放入后，混凝土浇筑前测定，成孔结束后，放钢筋笼、混凝土导管都会造成土体跌落，增加沉渣厚度。因此，沉渣厚度应是二次清孔后

图 3-2　潜水钻成孔灌注桩

的结果。沉渣厚度的检查目前均用重锤，但因人为因素影响很大，应专人负责，用专一的重锤，有些地方用较先进的沉渣仪，这种仪器应预先做标定。

冲孔灌注桩

冲孔灌注桩即冲击钻成孔方法，是采用冲击式钻机或卷扬机带动一定质量的冲击钻头，在一定的高度内使钻头提升，然后突放使钻头自由降落，利用冲击动能冲挤土层或破碎岩层形成桩孔。

冲击钻成孔适用于填土层、黏土层、粉土层、淤泥层、砂土层和砾卵石层的施工，桩孔直径通常为 600~1 500 mm，最大直径可达 2 500 mm；钻孔深度可达 50 m（图 3-3）。

常用的冲击钻头的类型有十字形、工字形、人字形等，一般选用十字形。

冲孔法施工同样需要泥浆护壁槽和设置孔口钢护筒，其方法和要求同潜水钻成孔。

沉管灌注桩

沉管灌注桩是指利用锤击打桩法或振动打桩法，将带有活瓣式桩尖或预制钢筋混凝土桩靴的钢套管沉入土中，然后边浇筑混凝土（或先在管内放入钢筋笼）边锤击或振动边拔管而成的桩。前者称为锤击沉管灌注桩，后者称为振动沉管灌注桩（图 3-4）。

1. 沉管灌注桩成桩过程

沉管灌注桩成桩过程为桩机就位→锤击（振动）沉管→上料→边锤击（振动）边拔管，并继续浇筑混凝土→下钢筋笼，继续浇筑混凝土及拔管→成桩。

2. 锤击沉管灌注桩

锤击沉管灌注桩劳动强度大，要特别注意安全。该种施工方法适于黏性土、淤泥、淤泥质土、稍密的砂石及杂填土层中使用，但不能在密实的中粗砂、砂砾石、漂

图3-3　冲击钻头

图3-4　沉管灌注桩

石层中使用。

3. 振动沉管灌注桩

振动沉管灌注桩适用于在一般黏性土、淤泥、淤泥质土、粉土、稍密及松散的砂土及填土中使用，在坚硬砂土、碎石土及有硬夹层的土层中，由于容易损坏桩尖，不宜采用。根据承载力的不同要求，拔管方法可分别采用单打法、复打法、反插法。

人工挖孔灌注桩

人工挖孔灌注桩是指桩孔采用人工挖掘方法进行成孔，然后安放钢筋笼，浇筑混凝土而成的桩。为了确保人工挖孔桩施工过程中的安全，施工时必须考虑预防孔壁坍塌和流沙现象发生，制订合理的护壁措施。护壁方法可以采用现浇混凝土护壁、喷射混凝土护壁、砖砌体护壁、沉井护壁、钢套管护壁、型钢或木板桩工具式护壁等多种。以应用较广的现浇混凝土分段护壁为例，说明人工挖孔桩的施工工艺流程（图3-5）。

图3-5　人工挖孔灌注桩

人工挖孔灌注桩的施工程序是：场地整平→放线、定桩位→挖第一节桩孔土方→支模浇筑第一节混凝土护壁→在护壁上二次投测标高及桩位十字轴线→安装活动井盖、垂直运输架、起重卷扬机或电动葫芦、活底吊土桶、排水、通风、照明设施等→第二节桩身挖土→清理桩孔四壁、校核桩孔垂直度和直径→拆上节模板，支第二节模板，浇筑第二节混凝土护壁→重复第二节挖土、支模、浇筑混凝土护壁工序，循环作业直至设计深度→进行扩底（当需扩底时）→清理虚土、排除积水，检查尺寸和持力层→吊放钢筋笼就位→浇筑桩。

【任务实施】

✎ 制订计划，进行决策

根据本任务的要求制订实现本任务的计划，寻求实现任务的方法和手段，并进行决策。

✎ 资料与器材

教材及有关标准、规范，长螺旋钻机、水泵、给排水管。

✎ 实施步骤

（1）收集、准备灌注桩施工的操作规范、施工验收规范及有关资料。
（2）疑难点点拨。

（3）了解基础样式，选择成孔设备。

（4）根据规范要求进行钻孔。

实施要求

在施工前应做好施工准备工作，钻出的桩孔需要安全、可靠，并且符合使用要求。

【任务评价】

灌注桩成孔教学评价表

班级：　　　　姓名（小组）：　　　　本任务得分：

项目	要素	主要评价内容	评价满值分数	得分
职业素养	课堂纪律	课堂不迟到、早退，服从教师管理、组长指挥	5	
	工作态度	认真对待工作任务，独立完成分内工作，严谨审视工作过程，严格检查工作成果	5	
	责任意识	清楚自身责任对小组成绩的影响，明白自身责任存在的重大后果，勇于承担自身责任，负责任地完成工作任务	5	
	团队协作	小组协作、相互交流，组员、同学之间互相带动学习，主动承担组内任务，积极帮助小组成员	5	
	小　　计		20	
技能考评	任务准备	正确、快速地查阅教材及网络上的相关资料掌握灌注桩成孔的施工工艺与规范要求	20	
	实施过程	根据任务要求及施工现场特点，选择合适的成孔方法，编写灌注桩成孔方案，填写任务单	20	
	完成质量	小组配合完成任务，灌注桩成孔方法合理，泥渣排除及时，成孔方案清晰、准确，不抄袭别人（小组）的成果	20	
	任务工单	根据工单内容填写任务工单，工单内容体现任务成果，工单填写规范、整洁	20	
	小　　计		80	
教师总体评价（描述性评语）				

任务二　灌注桩成桩

【学习目标】

知识目标

（1）掌握灌注桩成桩的施工过程。

（2）掌握灌注桩施工的质量要求。

能力目标

（1）能进行对灌注桩桩孔的浇筑施工。

（2）能检验灌注桩的施工质量。

【任务描述】

某灌注桩在相应桩位点的成孔工作已经完成，下面将会进行成桩工作，请进行该灌注桩的成桩工作。

【知识链接】

清孔

当钻孔达到设计要求深度并经检查合格后，应立即进行清孔，目的是清除孔底沉渣以减少桩基的沉降量，提高承载能力，确保桩基质量。清孔的方法有真空吸泥渣法、射水抽渣法、换浆法和掏渣法。

清孔应达到如下标准才算合格：一是对孔内排出或抽出的泥浆，用手摸捻应无粗粒感觉，孔底 500 mm 以内的泥浆密度小于 1.25 g/cm³；二是在浇混凝土前，孔底沉渣允许厚度符合标准规定，即端承桩≤50 mm，摩擦端承桩、端承摩擦桩≤100 mm，摩擦桩≤300 mm。

放入钢筋骨架

清孔完成后将进行放入钢筋骨架工作。钢筋骨架事先按要求制作完成，制作质量要符合使用要求，如图 3-6、图 3-7 所示。

图3-6 制作钢筋笼

图3-7 放入钢筋笼

水下浇筑混凝土

泥浆护壁成孔灌注桩混凝土的浇筑是在泥浆中进行的,称为水下混凝土浇筑。水下混凝土必须具备良好的和易性,配合比应通过试验确定,坍落度宜为180~220 mm,为改善和易性和缓凝,宜掺外加剂。水下浇筑混凝土常采用导管法。水下混凝土浇筑示意图和施工现场如图3-8、图3-9所示。

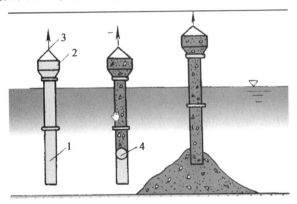

图3-8 水下混凝土浇筑示意图

图3-9 向桩孔内灌注混凝土

灌注桩施工质量要求

灌注桩的成桩质量检查包括成孔、清渣、钢筋笼制作及安放、混凝土搅拌及灌注数个工序的质量检查。成孔及清孔主要检查已成孔的中心位置、孔深、孔径、垂直度、孔底沉渣厚度；钢筋笼制作及安放主要检查钢筋规格、焊接质量，主筋和箍筋的制作偏差及钢筋笼安放的实际位置，等等；混凝土搅拌和灌注主要检查原材料质量与计量、混凝土配合比、坍落度等。

对于一级建筑和地质条件复杂或成桩质量可靠性较低的桩基工程，应采用静载检测和动测法检查成桩质量和单桩承载力，对于大直径桩还可采取钻取岩芯、预埋管超声检测法检查，具体情况根据设计确定。

灌注桩施工质量检验标准及允许偏差应符合《建筑地基基础工程施工质量验收规范》（GB 50202—2002）的规定。

【任务实施】

制订计划，进行决策

根据本任务的要求制订实现本任务的计划，寻求实现任务的方法和手段，并进行决策。

资料与器材

教材及有关标准、规范，水泵、钢筋笼、混凝土泵车。

实施步骤

（1）收集、准备灌注桩施工的操作规范、施工验收规范及有关资料。
（2）疑难点点拨。
（3）进行清孔及复打工作。
（4）放入钢筋笼，浇筑混凝土，养护成桩。

实施要求

桩孔一定要清孔干净，混凝土浇筑要求密实，成桩后要符合规范及设计要求。

【任务评价】

灌注桩成桩教学评价表

班级：　　　　　姓名（小组）：　　　　　本任务得分：

项目	要素	主要评价内容	评价满值分数	得分
职业素养	课堂纪律	课堂不迟到、早退，服从教师管理、组长指挥	5	
	工作态度	认真对待工作任务，独立完成分内工作，严谨审视工作过程，严格检查工作成果	5	
	责任意识	清楚自身责任对小组成绩的影响，明白自身责任存在的重大后果，勇于承担自身责任，负责任地完成工作任务	5	
	团队协作	小组协作、相互交流，组员、同学之间互相带动学习，主动承担组内任务，积极帮助小组成员	5	
	小　　计		20	
技能考评	任务准备	正确、快速地查阅教材及网络上的相关资料找到灌注桩的施工流程，灌注桩混凝土浇筑的施工方法与规范要求	20	
	实施过程	根据任务要求及施工现场特点，编写灌注桩混凝土浇筑的施工方案，填写任务单	20	
	完成质量	小组配合完成任务，施工工序上没有遗漏，混凝土浇筑方案清晰、准确，不抄袭别人（小组）的成果	20	
	任务工单	根据工单内容填写任务工单，工单内容体现任务成果，工单填写规范、整洁	20	
	小　　计		80	
教师总体评价（描述性评语）				

【拓展练习】

一、填空题

1. 灌注桩按成孔方法的不同，可分为（　　　　）、冲孔灌注桩、（　　　　）及人工挖孔灌注桩。
2. 螺旋钻成孔的泥浆循环排渣有（　　　　）和（　　　　）两种方法。
3. 钻孔灌注桩根据钻头的不同可以分为（　　　　）和（　　　　）。

二、单选题

1. 灌注桩的混凝土强度等级不应低于（　　　）。
   A. C20　　　　　　B. C25　　　　　　C. C30　　　　　　D. C40
2. 为了减轻桩的挤土效应，防止长桩对邻近建筑物的影响，可采用的方法是（　　　）。
   A. 静力压桩法　　B. 锤击法　　　　C. 植桩法　　　　D. 振动沉桩
3. 分段制作的钢筋笼，其接头应采用（　　　）。
   A. 绑扎　　　　　　B. 焊接　　　　　C. 套筒连接　　　D. 黏结

三、简答题

1. 泥浆护壁成孔的工艺流程是什么？
2. 灌注桩成桩的施工流程有哪些？
3. 灌注桩与预制桩相比有何优点？
4. 说出灌注桩成桩质量检查的内容。

项目四　模板工程施工

【项目描述】

模板工程是支撑新浇筑混凝土的整个系统，包括了模板、支撑和紧固件。模板是供新浇混凝土成形、养护，使之达到一定强度以承受自重的临时性结构并能拆除的模型板。支撑是保证模板形状和位置并承受模板、新浇混凝土的自重以及施工荷载的结构。紧固件是连接模板和固定模板的小构件。

【学习目标】

✎　知识目标

（1）掌握模板的组成、作用、分类及要求。
（2）掌握各类模板的安装工艺。
（3）掌握模板安装及拆除的原则及注意事项。

✎　能力目标

（1）会区分不同结构类型下的模板。
（2）能进行各类模板的支设施工。
（3）能按照规范要求进行模板的拆除。

✎　素养目标

（1）具有热爱科学、实事求是的工作作风。
（2）具有创新意识和创新精神。
（3）具有独立解决工程问题的能力。
（4）具有安全意识，培养安全施工的素养。

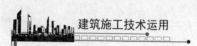

【设备准备】

钢模板、木模板、连接件、支撑件等。

【课时分配】

序号	任务名称	课时分配（课时）	
		理论	实训
一	基础模板支设	2	2
二	主体结构模板支设	4	2
合计		10	

任务一　基础模板支设

【学习目标】

知识目标

（1）熟悉工程中模板的类型。
（2）了解组合钢模板的组成。
（3）掌握基础模板的安装工艺。

能力目标

（1）能根据实际需要选择模板类型。
（2）能按照施工要求进行基础模板的支设施工。

【任务描述】

某现浇钢筋混凝土工程为了保证施工的质量，需要先搭设好模板，针对该工程的基础部分，请选择合适的模板类型，并进行基础模板的支设工作。

【知识链接】

模板工程的组成、作用和基本要求

1. 模板工程的组成

模板工程由模板、支撑和紧固件三部分组成。模板的作用是使混凝土成型，使硬化后的混凝土具有设计所要求的形状和尺寸；支撑的作用是保证模板形状和位置并承受模板和新浇筑混凝土的质量及施工荷载；紧固件是连接模板和固定模板的小构件。

2. 模板工程的作用和基本要求

模板工程对钢筋混凝土工程的施工质量、施工安全和工程成本有着重要的影响，因此模板结构必须符合下列要求：

（1）应保证工程结构和构件各部分形状、尺寸和相互位置的正确。

（2）要有足够的承载能力、刚度和稳定性，并能可靠的承受新浇筑混凝土的质量和侧压力，以及在施工中所产生的其他荷载。

（3）构造要简单，装拆要方便，并便于钢筋的绑扎与安装，有利于混凝土的浇筑及养护。

（4）模板接缝应严密，不得漏浆。

模板分类

模板的种类有很多，按材料可分为木模板、钢木模板、胶合板模板、钢模板、塑料模板、玻璃钢模版、铝合金模板等（图4-1、图4-2）。

图4-1 木模板

图4-2 组合钢模板

按结构的类型可分为基础模板、柱模板、梁模板、楼板模板、楼梯模板、墙模板、壳模板和烟囱模板等多种。

按施工方法分类，有永久式模板、固定式模板和移动式模板。永久式模板是指模板在混凝土浇筑以后与结构连成整体，不再拆除。常用的如叠合板，钢结构工程中的顶板模板。固定式模板是指模板与支撑安装完毕后位置不变动，待所浇筑的混凝土达到规定的强度标准值后，方可拆除。移动式模板是随着混凝土的浇筑，模板可沿垂直方向或水平方向移动，如烟囱、水塔、墙柱混凝土浇筑采用的滑升模板、爬升模板、提升模板、大模板，高层建筑楼板采用的飞模，筒壳混凝土浇筑采用的水平移动式模板等。

基础模板安装

基础模板一般情况下采用木模板。安装模板前，应反复检查地基垫层标高及中心线位置，弹出基础边线。模板两侧要刨光、平整。模板要涂隔离剂，对于一般基础外模板涂内侧，对于杯芯模板涂外侧。支设模板时还应用钢管等材料作为短桩固定模板，防止浇混凝土时模板变形（图4-3、图4-4）。

图4-3　基础圈梁模板安装

图4-4　基础模板安装

【任务实施】

制订计划，进行决策

根据本任务的要求制订实现本任务的计划，寻求实现任务的方法和手段，并进行决策。

资料与器材

教材及有关标准、规范，木模板等。

✎ **实施步骤**

（1）收集、准备模板施工的操作规范、施工验收规范及有关资料。
（2）疑难点点拨。
（3）了解基础样式，选择模板类型。
（4）根据规范要求支设基础模板。

✎ **实施要求**

在施工前应做好施工准备工作，模板搭设必须符合相关规定及使用要求。

【任务评价】

基础模板支设教学评价表

班级：　　　　　　　　姓名（小组）：　　　　　　　　本任务得分：

项目	要素	主要评价内容	评价满值分数	得分
职业素养	课堂纪律	课堂不迟到、早退、服从教师管理、组长指挥	5	
	工作态度	认真对待工作任务，独立完成分内工作，严谨审视工作过程，严格检查工作成果	5	
	责任意识	清楚自身责任对小组成绩的影响，明白自身责任存在的重大后果，勇于承担自身责任，负责任地完成工作任务	5	
	团队协作	小组协作、相互交流，组员、同学之间互相带动学习，主动承担组内任务，积极帮助小组成员	5	
	小　计		20	
技能考评	任务准备	正确、快速地查阅教材及网络上的相关资料找到模板的类型及组成、基础模板的支设方法与要求	20	
	实施过程	根据任务要求及施工现场特点，选择合适的模板类型，编写基础模板支设方案，填写任务单	20	
	完成质量	小组配合完成任务，模板组成上没有缺失，基础模板支设方案清晰、准确，不抄袭别人（小组）的成果	20	
	任务工单	根据工单内容填写任务工单，工单内容体现任务成果，工单填写规范、整洁	20	
	小　计		80	
教师总体评价（描述性评语）				

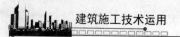

任务二 主体结构模板支设

【学习目标】

知识目标

（1）熟悉主体结构模板的类型。
（2）掌握主体结构模板的支设流程。
（3）掌握模板的拆除方法及要求。

能力目标

（1）能根据现场条件进行主体结构模板的安装施工。
（2）能根据验收规范对模板工程的施工质量进行验收。
（3）能按照拆除原则对模板进行拆除。

【任务描述】

基础工程已经完工，现在主体结构部分也要支设相应的模板，请支设一层梁、板、柱、剪力墙的模板，并在使用完毕后进行拆除。

【知识链接】

柱模板安装

柱模板可以用木模板，也可以用钢模板安装（图4-5、图4-6）。

柱的模板在安装前要在基础（楼地面）上用墨线弹出柱的中线及边线，柱脚抄平。对通排柱模板，应先装两端柱模板，校正固定，拉通线校正中间各柱模板。

依据边线安装模板。安装后的模板要保证垂直，并由地面起每隔2 m留一道施工口，以便混凝土浇捣。柱底部要留设清理孔。

柱模板应加柱箍，用四根小方木互相搭接钉牢，或用工具式柱箍，柱箍间距按设计计算确定。模板四周搭设钢管架子，结合斜撑，将模板固定牢靠，以防在混凝土侧压力的作用下发生位移。

柱模板与梁模板连接时，梁模板宜缩短2~3 mm并锯成小斜面。

图 4-5　柱模板安装

图 4-6　柱模板安装

✎ 梁模板安装

梁跨度大于等于 4 m 时，底板应起拱，以消除部分受荷后下垂的挠度。起拱高度由设计确定，如设计无规定时取全跨长度的 1/1 000~3/1 000。支柱（琵琶撑）之间应设拉杆，离地面 500 mm 一道，以上每隔 2 m 左右设一道。支柱下垫设楔子和通长垫板，垫板下土应拍平夯实，楔子待支撑校正标高后钉牢。当梁底距地面过高时（一般为 6 m 以上），宜搭设排架支模。梁较高时，可先装一侧模板，待钢筋绑扎安装结束后，再封另一侧模板。上下层模板的支柱，一般应安装在一条竖向中心线上（图 4-7、图 4-8）。

✎ 楼板模板安装

楼板用木模板铺板时，一般只要求在两端及接头处钉牢。中间尽量少钉以便拆模。采用定型钢模时，须按其规格、距离铺设格栅。不够铺一块定型钢模板的空隙，可以用木板镶满或用 2~3 mm 厚铁皮盖住。采用桁架支模时，应根据载重量确定桁架间距。桁架上弦放置小木方，用铁丝扎牢。两端支承处要设木楔，在调整标高后钉牢。当板跨度大于或等

图 4-7 梁模板安装

图 4-8 纵横梁模板

于 4 m 时，模板应起拱，当无具体要求时，起拱高度宜为全跨长度的 1/1 000~3/1 000。挑檐模板必须撑牢拉紧。防止外倒，确保安全（图 4-9、图 4-10）。

图 4-9 楼板模板施工

图 4-10 楼板模板

✎ **墙模板安装**

先弹墙中心线和两边线，选择一边安装，竖立档、横档及斜撑，钉侧板时在顶部用线锤吊直，拉线找平、撑牢钉实。待钢筋绑扎安装后，墙底清理干净，再竖另一侧墙模板。为保证混凝土墙体厚度，两侧板间要加撑头，撑头用钢管、中粗钢筋或混凝土预制块。墙体板用对拉螺栓时，应验算螺杆的布置和直径，以确保能承受新浇混凝土的侧压力和其他水平荷载（图 4-11）。

图 4-11 剪力墙模板

✎ **模板的拆除**

模板的拆除日期取决于混凝土的强度、各个模板的用途、结构的性质、混凝土硬化时的气温等因素。及时拆模可提高模板的周转率，也可以为其他工作创造条件。但过早拆模，混凝土会因强度不足以承担本身自重或受外力作用而变形甚至断裂，造成重大的质量事故。

侧模板应在混凝土强度能保证其表面及棱角不因拆除而受损坏时拆除。

底模板应在与混凝土结构同条件养护的试件达到表4-1规定的强度标准值时方可拆除。

表4-1 底模拆除时的混凝土强度

结构类型	结构跨度/m	按设计的混凝土强度标准值的百分率计
板	≤2	≥50%
	>2，≤8	≥75%
	>8	≥100%
梁、拱、壳	≤8	≥75%
	>8	≥100%
悬臂构件	—	≥100%

拆除顺序一般遵循"先支后拆，后支先拆"的原则，先拆除非承重部分，后拆除承重部分。对于重大复杂模板的拆除，事前应制订拆模方案。梁板柱结构模板的拆模顺序为柱模板—楼板底模板—梁侧模板—梁底模板。

拆模时应尽量避免混凝土表面或模板受到损坏，避免整块模板下落伤人。拆下来的模块有钉子时，要让钉尖朝下，以免扎脚。拆完后应及时加以清理、修理，按种类及尺寸分别堆放，以便下次使用。对定型组合钢模板，倘若背面油漆脱落，应补刷防锈漆。已拆除模板及其支架结构的混凝土，应在其强度达到设计强度标准值后才允许承受全部使用荷载。当承受施工荷载产生的效应比使用荷载更为不利时，必须通过核算设置临时支撑。

【任务实施】

✎ 制订计划，进行决策

根据本任务的要求制订实现本任务的计划，寻求实现任务的方法和手段，并进行决策。

✎ 资料与器材

教材及有关标准、规范，木模板、任务一中支好的基础模板。

✎ 实施步骤

（1）收集、准备模板施工的操作规范、施工验收规范及有关资料。

（2）疑难点点拨。

（3）根据规范要求支设梁、柱、板模板。

（4）按照规定拆除梁、柱、板模板。

✎ **实施要求**

模板搭设必须符合相关规定及使用要求，拆除模板时注意拆除顺序，并注意人身安全。

【任务评价】

主体结构模板支设教学评价表

班级： 姓名（小组）： 本任务得分：

项目	要素	主要评价内容	评价满值分数	得分
职业素养	课堂纪律	课堂不迟到、早退，服从教师管理、组长指挥	5	
	工作态度	认真对待工作任务，独立完成分内工作，严谨审视工作过程，严格检查工作成果	5	
	责任意识	清楚自身责任对小组成绩的影响，明白自身责任存在的重大后果，勇于承担自身责任，负责任地完成工作任务	5	
	团队协作	小组协作、相互交流，组员、同学之间互相带动学习，主动承担组内任务，积极帮助小组成员	5	
	小　计		20	
技能考评	任务准备	正确、快速地查阅教材及网络上的相关资料找到梁、板、柱、墙模板的支设方法与规范要求	20	
	实施过程	根据任务要求及施工现场特点，选择合适的模板类型，编写梁、板、柱、墙模板的支设方案，填写任务单	20	
	完成质量	小组配合完成任务，模板组成没有遗漏，模板支设方案清晰、准确，不抄袭别人（小组）的成果	20	
	任务工单	根据工单内容填写任务工单，工单内容体现任务成果，工单填写规范、整洁	20	
	小　计		80	
教师总体评价（描述性评语）				

【拓展练习】

一、填空

1. 模板工程一般由（　　　　）、（　　　　）和（　　　　）组成。
2. 模板按施工方法不同又可以分为（　　　　）、（　　　　）和（　　　　）。
3. 组合钢模板由（　　　　）、（　　　　）、（　　　　）、（　　　　）组成。
4. 模板按结构类型可分为（　　　　）、（　　　　）、（　　　　）、（　　　　）、（　　　　）。

二、单选题

1. 基础模板一般采用的是（　　　）。
A. 木模板　　　　　B. 钢模板　　　　　C. 板模板　　　　　D. 永久式模板
2. 柱模板底部应设立（　　　）。
A. 分隔板　　　　　B. 隔热板　　　　　C. 清理孔　　　　　D. 保护层
3. 拆除梁底模板的前一步是拆除（　　　）。
A. 基础模板　　　　B. 柱模板　　　　　C. 板模板　　　　　D. 梁侧模板

三、简答

1. 试述模板的作用和要求。
2. 简述基础模板的安装工艺。
3. 模板拆除的原则与拆除顺序各是什么？
4. 简述模板配板设计的步骤。

项目五　钢筋工程施工

【项目描述】

钢筋工程是重要的分项工程，在房屋建筑工程施工中主要分布在地基及基础分部工程、主体结构分部工程、屋面工程分部工程中。钢筋分项工程的知识特点兼具理论性和可操作性强的特点。钢筋工程是钢筋混凝土结构工程的一个分项工程，它是建筑施工技术的重要内容之一。

钢筋工程的施工工艺流程如下：审查图纸→绘制钢筋翻样图和填写配料单→钢筋购入、检验→钢筋加工→钢筋连接与安装→隐蔽工程检查与验收。

【学习目标】

知识目标

（1）掌握结构详图的识读。
（2）掌握钢筋下料长度的计算。
（3）掌握钢筋加工的方法和注意事项。
（4）掌握钢筋的加工、绑扎和安装操作。
（5）熟悉钢筋原材料的验收与钢筋安装的质量检验。

能力目标

（1）通过对结构详图的识读，能够看懂配筋图。
（2）能够进行钢筋配料计算，能填写钢筋配料单，并制作料牌。
（3）能进行钢筋除锈、截断、弯曲、机械连接、对焊连接、绑扎加工和安装等操作。
（4）能按着相关标准进行钢筋原材料验收，能够根据钢筋操作规程和质量验收规范进行质量检查。

素养目标

（1）具备严谨的工作态度，严格按规范要求进行施工操作。
（2）具备自行解决工作中出现问题的能力。
（3）具有安全意识，培养安全施工的素养。
（4）具有团队协作精神。

【设备准备】

钢筋调直除锈机、钢筋切断机、闪光对焊机、钢筋螺纹连接机，扳手、手锤、钢筋操作台等。

【课时分配】

序号	任务名称	课时分配（课时）	
		理论	实训
一	钢筋配料计算	3	5
二	钢筋加工与连接	2	6
三	钢筋安装与绑扎	2	6
四	钢筋工程的检查和验收	2	2
合计		28	

任务一　钢筋配料计算

【学习目标】

知识目标

（1）掌握钢筋混凝土结构配筋图的识读。
（2）掌握钢筋下料长度的计算方法。
（3）了解钢筋下料单的填写方式。

能力目标

（1）通过对结构详图的识读，能够看懂配筋图。

（2）能够进行钢筋配料计算。

（3）能填写钢筋配料单，并制作料牌。

【任务描述】

某公司承包的工程要进行一层主梁的施工，请根据主梁的配筋图（图5-1、图5-2），进行该梁的钢筋下料计算，并制作下料单。

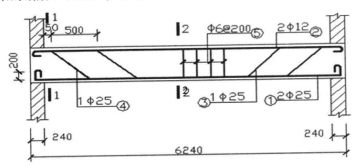

图 5-1　简支梁配筋图

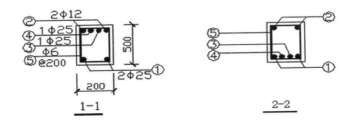

图 5-2　简支梁截面示意图

【知识链接】

钢筋配料概念

钢筋配料就是根据结构施工图，分别计算构件各钢筋的直线下料长度、根数及质量，编制钢筋配料单，作为备料、加工和结算的依据。

钢筋下料计算方法

结构施工图中所指钢筋长度是钢筋外边缘至外边缘之间的长度，即外包尺寸，这是施工中度量钢筋长度的基本依据。钢筋加工前按直线下料，经弯曲后，外边缘伸长，内边缘缩短，中心线不变。这样，钢筋弯曲后的外包尺寸和中心线长度之间存在一个差值，称为"量度差值"。在计算下料长度时必须予以扣除。因此，钢筋下料长度应为各段外包尺寸之和减去各弯曲处的量度差值，再加上两端弯钩增加值。具体为：

直钢筋下料长度=构件长度−保护层厚度+弯钩增加长度

弯起钢筋下料长度=直段长度+斜段长度−量度差值+弯钩增加长度

箍筋下料长度=箍筋周长+箍筋调整值

量度差值为：

当弯折30°时，近似为0.3d（d为钢筋直径）；当弯折45°时，近似为0.5d；当弯折60°时，近似为1d；当弯折90°时，近似为2d；当弯折135°时，近似为3d。

钢筋末端做180°弯钩时，通常取6.25d作为弯钩增加长度。圆弧弯曲直径为2.5d，平直部分长度不得小于5d（抗震结构时10d）。

表5-1　箍筋调整值

箍筋量度方法	箍筋直径/mm			
	4~5	6	8	10~12
量外包尺寸	40	50	60	70

【任务实施】

✎　制订计划，进行决策

师生共同选取典型工程案例，分析本案例实施的要点，并制订实施计划。

✎　资料与器材

教材及有关钢筋下料的有关资料，工程图纸、配料牌、算簿及碳素笔、计算器等。

✎　实施步骤

（1）熟悉板、梁的结构详图。
（2）疑难点点拨。
（3）在教室进行钢筋下料长度的计算并编制配料单。
（4）成果检查：验算下料计算结果。

✎　实施要求

每名学生独立完成下料计算、填写料单，并且下料计算准确，下料单填写规范、整洁。

【任务评价】

钢筋配料计算教学评价表

班级：　　　　　　　姓名（小组）：　　　　　　本任务得分：

项目	要素	主要评价内容	评价满值分数	得分
职业素养	课堂纪律	课堂不迟到、早退，服从教师管理、组长指挥	5	
	工作态度	认真对待工作任务，独立完成分内工作，严谨审视工作过程，严格检查工作成果	5	
	责任意识	清楚自身责任对小组成绩的影响，明白自身责任存在的重大后果，勇于承担自身责任，负责任地完成工作任务	5	
	团队协作	小组协作、相互交流，组员、同学之间互相带动学习，主动承担组内任务，积极帮助小组成员	5	
	小　计		20	
技能考评	任务准备	正确、快速地查阅教材及网络上的相关资料找到钢筋配料的计算方法与规范要求	20	
	实施过程	根据梁的配筋图，运用合适的计算方法进行钢筋下料计算，填写钢筋下料单	20	
	完成质量	小组配合完成任务，钢筋下料计算成果准确，下料单填写齐全、准确，不抄袭别人（小组）的成果	20	
	任务工单	根据工单内容填写任务工单，工单内容体现任务成果，工单填写规范、整洁	20	
	小　计		80	
教师总体评价（描述性评语）				

任务二　钢筋加工与连接

【学习目标】

知识目标

（1）熟悉除锈、调直、切割、弯曲成型、冷拉、连接概念。
（2）掌握除锈、调直、切割、弯曲成型、冷拉、连接施工工艺。

能力目标

（1）能够根据结构施工图的设计规定和工程规范要求选择钢筋加工工艺。
（2）能够较熟练地进行钢筋除锈、调直切割、弯曲成型、冷拉、连接等操作。

【任务描述】

在任务一中，主梁的钢筋下料单已经完成，请根据该下料单，对主梁所用的钢筋进行加工，并连接起来。

【知识链接】

钢筋的加工

钢筋的加工工序有除锈、调直、切断、弯曲成型、冷拉、冷拔等。

钢筋冷拉是在常温下对钢筋进行强力拉伸，拉应力超过钢筋的屈服强度，使钢筋产生塑性变形，以达到调直钢筋，提高强度的目的，对焊接接长的钢筋亦考验了焊接接头的质量。常用的冷拉方法有两种，即控制应力法和控制冷拉率法。

钢筋的调直可采用冷拉的方法，HPB235 级钢筋的冷拉率不宜大于 4%；HRB335，HRB400 级钢筋冷拉率不大于 1%。细钢筋及钢丝还可采用调直机调直；粗钢筋还可以采用锤直和扳直的方法。

钢筋的切断机械是将钢筋原材料或已调直的钢筋，按施工所需要的尺寸进行切断的专用机械。按传动方式来分，有机械传动和液压传动两种。

钢筋弯曲机主要是利用工作盘的旋转对钢筋进行各种弯曲、弯钩、半箍、全箍等作业的设备，以满足钢筋混凝土结构中对各种钢筋形状的要求。

钢筋冷拔是使 φ6~φ8 的光圆钢筋通过钨合金的拔丝模进行强力冷拔。钢筋通过拔丝模时，受到拉伸和压缩兼有的作用，使钢筋内部晶格变形而产生塑性变形，因而抗拉强度提高，塑性和韧性降低，呈硬钢性质。光圆钢筋经冷拔后称冷拔低碳钢丝。

✐ 钢筋的连接

钢筋的连接方式主要有焊接连接和机械连接。焊接连接的方法较多，成本较低，质量可靠，宜优先选用。机械连接无明火作业，设备简单，节约能源，不受气候条件影响，可全天候施工，连接可靠，技术易于掌握，适用范围广，尤其适用于现场焊接有困难的情况。

1. 钢筋的焊接连接

钢筋焊接方法按工艺分为闪光对焊、电阻点焊、电弧焊、电渣压力焊、埋弧焊、气压焊等。采用焊接代替绑扎可节约钢材，改善结构受力性能，提高工效，降低成本。常用于梁的焊接方法有闪光对焊（图5-3、图5-4）、电弧焊（图5-5、图5-6）等，用于墙、柱的焊接方法有电渣压力焊、电弧焊等。

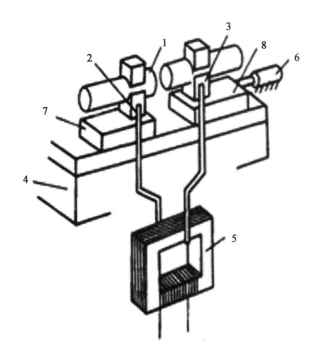

图5-3　钢筋闪光对焊示意图

1. 焊接钢筋；2. 固定电极；3. 可动电极；4. 机座；5. 变压器；6. 平动顶压机构；7. 固定支座；8. 滑动支座

2. 钢筋的机械连接

钢筋常用的机械连接有挤压套筒连接和直螺纹套筒连接等。墙、柱钢筋的机械连接主要采用直螺纹套筒连接，用于梁、板的机械连接有直螺纹套筒连接和套筒挤压连接（图5-7、图5-8、图5-9）。

图 5-4　钢筋闪光对焊施工图

图 5-5　电弧焊施工图

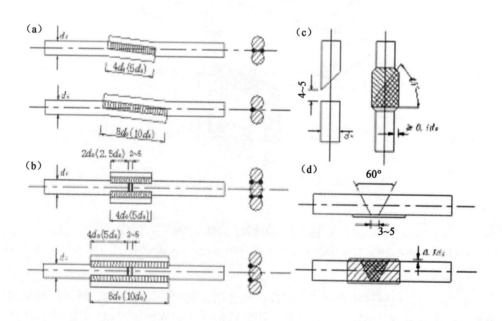

图 5-6　电弧焊接头形式

图 5-7　钢筋机械连接

图 5-8　钢筋直螺纹

【任务实施】

✎ 制订计划，进行决策

按不同的任务和工序，把学生分成 5 组，分别是：①除锈、冷拉组；②调直、切割组；③弯曲成型；④焊接组：包括闪光对焊和电渣压力焊连接训练；⑤螺纹连接组：包括直螺纹套筒和挤压螺纹套筒两种连接训练。

钢筋连接套筒　　　　　　　　　连接套筒剖面图

图 5-9　螺纹套筒

🖊 机械、工具与器材

1. 机械

机械包括调直、冷拉机，调直切割机，弯曲成型机，闪光对焊机，电渣压力焊机，直螺纹连接机，挤压套筒连接机等。

2. 工具及器材

工具及器材包括钢筋钩子、砂纸、砂轮机等工具，钢筋等器材。

🖊 实施步骤

（1）收集、查阅教材及网络上的钢筋加工相关资料。

（2）疑难点点拨。

（3）根据下料单对主梁钢筋进行加工。

（4）钢筋加工成果验收。

🖊 实施要求

每组学生在组长带领下按钢筋分项工程操作规范和质量验收标准进行操作，组员之间密切配合，每人都要完成所有的工作过程。在操作中要树立厉行节约的精神，并且是注意操作安全，特别是人身安全。

【任务评价】

钢筋加工与连接教学评价表

班级：　　　　　　姓名（小组）：　　　　　　本任务得分：

项目	要素	主要评价内容	评价满值分数	得分
职业素养	课堂纪律	课堂不迟到、早退，服从教师管理、组长指挥	5	
	工作态度	认真对待工作任务，独立完成分内工作，严谨审视工作过程，严格检查工作成果	5	
	责任意识	清楚自身责任对小组成绩的影响，明白自身责任存在的重大后果，勇于承担自身责任，负责任地完成工作任务	5	
	团队协作	小组协作、相互交流，组员、同学之间互相带动学习，主动承担组内任务，积极帮助小组成员	5	
	小　计		20	
技能考评	任务准备	正确、快速地查阅教材及网络上的相关资料找到钢筋加工的工作内容、钢筋的连接方法、钢筋加工与连接的规范要求	20	
	实施过程	根据任务要求对钢筋进行加工操作，选择合适的钢筋连接方法，编写钢筋连接技术要点	20	
	完成质量	小组配合完成任务，钢筋加工成果符合规范要求，钢筋连接技术要点清晰、准确，不抄袭别人（小组）的成果	20	
	任务工单	根据工单内容填写任务工单，工单内容体现任务成果，工单填写规范、整洁	20	
	小　计		80	
教师总体评价（描述性评语）				

任务三　钢筋安装与绑扎

【学习目标】

✎ 知识目标

（1）熟悉钢筋绑扎的要求及操作程序。
（2）掌握钢筋绑扎工艺。

✎ 能力目标

（1）能够按照钢筋施工操作规范进行钢筋绑扎操作。
（2）能够进行钢筋的安装，安装质量符合规范要求。

【任务描述】

在任务二中，主梁所需的钢筋已经加工完成，请在主梁的位置安装钢筋并进行绑扎。

【知识链接】

✎ 钢筋绑扎连接的优缺点

钢筋绑扎连接是一种传统的连接方式，由于工艺简单，不需要施工机具，只使用简单的钢筋钩子就可进行施工。绑扎连接由于需要较长的搭接长度，浪费钢筋且连接不可靠，应限制使用，但对于断面比较小的钢筋、特别是箍筋仍然是绑扎进行施工。

✎ 钢筋安装与绑扎

钢筋安装和绑扎之前，应先熟悉施工图纸，核对成品钢筋的钢号、直径、形状、尺寸和数量是否与配料单、料牌相符，研究钢筋安装和有关工种的配合顺序，准备绑扎用的铁丝、绑扎架等。

为了缩短钢筋安装的工期、减少钢筋施工中的高空作业，在运输、起重等条件的允许下，钢筋网和钢筋骨架的安装应尽量采用先预制绑扎后安装的方法（图 5-10、图 5-11）。

图 5-10　钢筋绑扎连接

图 5-11　钢筋绑扎连接施工

钢筋绑扎用的铁丝可采用 20#~22#铁丝（火烧丝）或镀锌铁丝（铅丝），其中 22#铁丝只用于绑扎直径 12 mm 以下的钢筋。

钢筋绑扎程序是：画线→摆筋→穿箍→绑扎→安装垫块等。画线时应注意间距、数量，标明加密箍筋位置。板类构件摆筋顺序一般先排主筋后排负筋；梁类构件一般先排纵筋。排放有焊接接头和绑扎接头的钢筋应符合规范规定。有变截面的箍筋，应事先将箍筋排列清楚，然后安装纵向钢筋。

【任务实施】

🖊 制订计划，进行决策

根据任务一、任务二的下料计算和钢筋加工成果制订计划，分析本案例实施的要点，并制订实施计划。

🖊 资料与器材

教材及有关钢筋下料、加工的有关资料，工程图纸；配料牌；钢筋钩子、绑线等。

🖊 实施步骤

（1）收集、准备钢筋工程施工的操作规范、施工验收规范及有关资料。

（2）疑难点点拨。

（3）熟悉主梁的结构详图，对照料牌检查钢筋下料、加工成果。

（4）分组进行钢筋安装、绑扎操作。

（5）检查操作是否符合操作规范，成果是否符合图纸和施工验收规范要求。

实施要求

每组成员需要密切配合，保证都能进行绑扎操作。

【任务评价】

钢筋安装与绑扎教学评价表

班级：　　　　　　姓名（小组）：　　　　　本任务得分：

项目	要素	主要评价内容	评价满值分数	得分
职业素养	课堂纪律	课堂不迟到、早退，服从教师管理、组长指挥	5	
	工作态度	认真对待工作任务，独立完成分内工作，严谨审视工作过程，严格检查工作成果	5	
	责任意识	清楚自身责任对小组成绩的影响，明白自身责任存在的重大后果，勇于承担自身责任，负责任地完成工作任务	5	
	团队协作	小组协作、相互交流，组员、同学之间互相带动学习，主动承担组内任务，积极帮助小组成员	5	
	小　　计		20	
技能考评	任务准备	正确、快速地查阅教材及网络上的相关资料找到钢筋安装与绑扎的施工方法与规范要求	20	
	实施过程	根据任务要求，进行钢筋的安装与绑扎工作，填写任务单	20	
	完成质量	小组配合完成任务，钢筋安装位置准确，绑扎牢固，不抄袭别人（小组）的成果	20	
	任务工单	根据工单内容填写任务工单，工单内容体现任务成果，工单填写规范、整洁	20	
	小　　计		80	
教师总体评价（描述性评语）				

任务四　钢筋工程检查与验收

【学习目标】

✎ 知识目标

（1）熟悉钢筋进场的检验项目和抽样方法。

（2）掌握钢筋绑扎质量要求和检查验收要点。

✎ 能力目标

（1）通过钢筋材料进场检验掌握对钢筋的材质要求和取样方法。

（2）能够进行钢筋绑扎、安装的质量检验，达到施工员、技术员所必须掌握的技能水平。

【任务描述】

钢筋绑扎、安装验收是在本分项工程完成后，浇筑混凝土前由监理工程师和施工单位项目组技术、质量、安全等有关人员参与进行的分项工程验收，只有验收合格后才能进行下一道工序的施工。

现在按着结构部位进行钢筋工程质量验收，并进行记录。

【知识链接】

✎ 钢筋性能及原材料进场检验

钢筋的性能主要有拉伸性能、冷弯性能和焊接性能。

伸长率和冷弯试验对钢筋塑性的表示是一致的。塑性好的钢筋伸长率大，有明显的拉断预兆；塑性差的钢筋伸长率小，破坏是突然的，具有脆性的特点，没有明显预兆。为了保证构件破坏前有足够的预兆，因此对钢筋品种的选择需要考虑强度和塑性两方面的要求。

钢筋的焊接性能（可焊性）直接影响钢筋焊接质量。钢筋的可焊性指钢筋是否适应通常的焊接方法与工艺的性能。

对于钢筋的现场检验，通常要进行三方面的检验：①资料方面检验：应有出厂质量证明书和试验报告单，每排钢筋均应有标牌。②外观检查：从每批中抽取 5%进行外观检查，钢筋表面不得有裂缝、结疤和折叠，钢筋表面允许有凸块，但不得超过横肋的最大高度。③力学性能检验：按规定抽取试样，分别进行拉伸试验和冷弯试验。一般包括屈服强度、抗拉强度和伸长率三个指标。抽样方法：同规格、同炉罐的量不多于60 t钢筋为一批，从每批中取两根钢筋，一根做拉伸试验，一根做冷弯试验。如有一项试验结果不符合规定，则从同批中另取双倍数量进行试验，如仍有一个试样不合格，则该批钢筋为不合格品。

钢筋原材料进场必须经监理单位或建设单位见证取样进行二次检验，必须由有资质的材料检验单位进行检验。

钢筋绑扎操作规程及安装质量规定

1. 钢筋绑扎应符合下列规定

（1）钢筋的交点须用铁丝扎牢。

（2）板和墙的钢筋网片，除靠外边缘两行钢筋的相交点全部扎牢外，中间部分的相交点可相隔交错扎牢，但必须保证受力钢筋不发生位移。双向受力的钢筋网片全部扎牢。

（3）梁和柱的钢筋，除设计有特殊要求外，箍筋应与受力筋垂直设置。箍筋弯钩叠合处，应沿受力钢筋方向错开设置。对于梁，箍筋弯钩在梁面左右错开50%；对于柱，箍筋弯处钩在柱角相互错开。

（4）柱中的竖向钢筋搭接时，角部钢筋的弯钩应与模板成45°（多边形柱为模板内角的平分角，圆形柱应与柱模板切线垂直）；中间钢筋的弯钩应与模板成90°；如采用插入式振捣器浇筑小型截面柱时，弯钩与模板的角度最小不得小于15°（图5-12）。

图5-12 钢筋连接

2. 钢筋安装完毕后，应检查下列方面（图5-13、图5-14）

（1）根据设计图纸检查钢筋的钢号、直径、形状、尺寸、根数、间距和锚固长度是否正确，特别要注意检查负筋的位置。

（2）检查钢筋接头的位置及搭接长度、接头数量是否符合要求。

（3）检查混凝土保护层是否符合要求。

（4）检查钢筋绑扎是否牢固，有无松动变形现象。

（5）钢筋表面不允许有油渍、漆污和颗粒状（片状）铁锈。

（6）安装钢筋时的允许偏差是否在规范规定范围内。

图 5-13　钢筋施工质量检查（1）

图 5-14　钢筋施工质量检查（2）

（7）钢筋工程属于隐蔽工程，在浇筑混凝土前应当对钢筋及预埋件进行验收，并做好隐蔽工程记录。

（8）板、次梁与主梁交叉处，板的钢筋在上，次梁的钢筋居中，主梁的钢筋在下。

【任务实施】

✎ 制订计划，进行决策

根据本任务的要求制订实现本任务的计划，寻求实现任务的方法和手段，并进行决策。

✎ 资料与器材

教材及有关标准、规范，任务一至三加工后的钢筋成品。

✎ 实施步骤

（1）收集钢筋施工操作规范、施工验收规范及有关资料。

（2）疑难点点拨。

（3）现场进行观察及量测，按照钢筋分项工程验收标准进行检查、验收。

（4）分析检测结果得出检结论。

实施要求

每人检测不少于 10 点，考虑工作面有限按 10 人一组轮流进行检测，最后写出检测报告。

【任务评价】

钢筋工程检查与验收教学评价表

班级：　　　　　姓名（小组）：　　　　　本任务得分：

项目	要素	主要评价内容	评价满值分数	得分
职业素养	课堂纪律	课堂不迟到、早退，服从教师管理、组长指挥	5	
	工作态度	认真对待工作任务，独立完成分内工作，严谨审视工作过程，严格检查工作成果	5	
	责任意识	清楚自身责任对小组成绩的影响，明白自身责任存在的重大后果，勇于承担自身责任，负责任地完成工作任务	5	
	团队协作	小组协作、相互交流，组员、同学之间互相带动学习，主动承担组内任务，积极帮助小组成员	5	
	小　计		20	
技能考评	任务准备	正确、快速地查阅教材及网络上的相关资料找到钢筋工程检查与验收的规范要求	20	
	实施过程	根据钢筋验收规范，对钢筋工程进行检查与验收，填写任务单	20	
	完成质量	小组配合完成任务，钢筋工程验收结果准确，检查记录清晰、准确，不抄袭别人（小组）的成果	20	
	任务工单	根据工单内容填写任务工单，工单内容体现任务成果，工单填写规范、整洁	20	
	小　计		80	
教师总体评价（描述性评语）				

【拓展练习】

一、填空题

1. 钢筋的连接方法有（   ）、（   ）、（   ）。

2. 梁的配筋常用的是（   ）、（   ）、（   ）和（   ）。

3. 钢筋的冷加工有（   ）和（   ）两种。

4. 钢筋的机械连接方法有（   ）和（   ）。

5. 在做钢筋下料计算的时候，一般考虑（   ）、（   ）、（   ）和（   ）四种。

6. 钢筋的性能主要有（   ）、（   ）、（   ）。

7. 板、次梁与主梁交叉处，（   ）的钢筋在上，（   ）的钢筋居中，（   ）的钢筋在下。

二、单选题

1. 为了满足抗震要求工级，钢筋末端弯钩应做成（   ）。

A. 90°   B. 120°   C. 135°   D. 180°

2. 在进行钢筋下料计算时，量度差值应该进行（   ）运算。

A. 加上   B. 减去   C. 乘以   D. 除

3. 写的钢筋外面有一层混凝土保护层，一般取（   ）。

A. 15 mm   B. 20 mm   C. 25 mm   D. 30 mm

4. 6φ10 的意思是（   ）。

A. 6 根直径 10 mm 的钢筋   B. 10 根直径 6 mm 的钢筋

C. 直径为 10 mm 的钢筋，间距为 6 mm   D. 直径为 6 mm 的钢筋，间距为 10 mm

三、简答题

1. 何为钢筋下料长度、钢筋量度差值？

2. 如何计算钢筋的下料长度？如何编制钢筋配料单？

3. 钢筋加工工序有哪些？

4. 说出以下概念：钢筋伸长率、钢筋冷拉。

5. 说出钢筋的连接方法有哪几种？各适用于什么情况？

6. 说出钢筋绑扎的程序。

7. 如何进行钢筋原材料的现场检验？

8. 钢筋安装完毕后，应进行哪些方面的检查？

9. 主体结构钢筋分项工程质量评定有哪些项目？验收结论由哪几种？

四、计算题

已知某工程主梁的配筋图（图 5-15），完成该梁的钢筋下料计算。

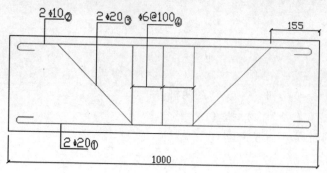
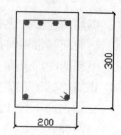

图 5-15　某工程主梁的配筋图

项目六 混凝土工程施工

【项目描述】

混凝土是目前最为常用的建筑材料，因而混凝土工程也成为一项工程中最为主要的组成部分。在混凝土工程施工中，通常会与钢筋工程、模板工程联合施工，从而达到使用的要求。混凝土工程在混凝土结构工程中占有重要地位，混凝土工程质量好坏直接影响到混凝土结构的承载力、耐久性与整体性。

混凝土工程包括混凝土制备、运输、浇筑捣实和养护等施工过程，各个施工过程相互联系和影响，任一过程处理不当都会影响混凝土工程的最终质量。

【学习目标】

✏ 知识目标

（1）掌握混凝土制备的基本知识。
（2）熟悉混凝土搅拌、振捣、运输的相关机械。
（3）掌握混凝土浇筑的相关规定与流程。
（4）掌握混凝土养护的方法。
（5）掌握混凝土施工质量检查的方法。

✏ 能力目标

（1）能根据施工要求计算混凝土的配合比。
（2）能够正确选择合适的搅拌与运输机械。
（3）能够根据规定进行混凝土浇筑，并根据具体情况选用振捣器进行混凝土的捣实操作。
（4）能够进行混凝土养护的施工。
（5）能够按照验收标准正确检查混凝土施工的质量。

素养目标

（1）具备严谨的工作态度，严格按规范要求进行施工操作。
（2）具备自行解决工作中出现问题的能力。
（3）具有安全意识，培养安全施工的素养。
（4）具有与人沟通、协作的能力。

【设备准备】

混凝土搅拌机、混凝土泵车、混凝土振捣器、翻斗车、模板、养护室、混凝土、水泥、细砂。

【课时分配】

序号	任务名称	课时分配（课时）	
		理论	实训
一	混凝土拌制与运输	4	4
二	混凝土浇筑与养护	4	4
合计		16	

任务一 混凝土拌制与运输

【学习目标】

知识目标

（1）掌握混凝土配合比的计算方法。
（2）熟悉混凝土搅拌机的类型。
（3）掌握混凝土拌制的流程。
（4）了解混凝土运输的方法与要求。

能力目标

（1）掌握混凝土配合比的计算。
（2）能够根据施工要求选用合适的混凝土搅拌机。

（3）能够进行混凝土的拌制操作。

（4）能够指导混凝土的地面运输与垂直运输。

【任务描述】

某公司承包工程的一层框架的模板、配筋都已经完成，现在请制备需要的混凝土并组织混凝土的运输工作。

【知识链接】

✎ 混凝土制备

1. 混凝土配制强度

混凝土配合比的选择是根据工程要求、组成材料的质量、施工方法等因素，通过实验室计算及试配后确定的。所确定的试验配合比应使拌制出的混凝土能保证达到结构设计中所要求的强度等级，并符合施工中对混凝土和易性的要求，同时还要合理地使用材料和节约水泥。

施工中应按设计的混凝土强度等级的要求正确确定混凝土配制强度，以保证混凝土工程质量。考虑到现场实际施工条件的差异和变化，混凝土的试配强度应比设计的混凝土强度标准值提高一个数值，即：

$$f_{cu, o} = f_{cu, k} + 1.645\sigma$$

式中：$f_{cu,o}$——混凝土的施工配制强度，N/mm^2；

$f_{cu,k}$——设计的混凝土强度标准值，N/mm^2；

σ——施工单位的混凝土强度标准差，N/mm^2。

对于混凝土强度的标准差，应由强度等级相同、混凝土配合比和工艺条件基本相同的混凝土统计资料计算确定。对预拌混凝土工厂和预制混凝土构件厂，统计周期可取一个月，对现场拌制混凝土的施工单位，可根据实际情况确定统计周期，但不宜超过三个月。当混凝土为 C20 或 C25，如计算所得到的 $\sigma < 2.5$ MPa 时，取 $\sigma = 2.5$ MPa；当混凝土为 C30 及其以上时，如计算得到的 $\sigma < 3.0$ MPa 时，取 $\sigma = 3.0$ MPa。施工单位如无近期混凝土强度统计资料，σ 可按表 6-1 取值。

表 6-1　σ 值选用表

混凝土强度等级	≤C15	C20~C35	≥C40
σ/MPa	4.0	5.0	6.0

2. 混凝土的施工配合比换算

混凝土的配合比是在实验室根据初步计算的配合比经过试配和调整而确定的，称为实验室配合比。确定实验室配合比所用的骨料——砂、石都是干燥的，而施工现场使用的材料一般都具有一定的含水率，含水率大小随季节、气候不断变化。如果不考虑现场砂、石含水率，还按实验室配合比投料，其结果是改变了实际砂、石用量和用水量，造成各种原材料用量的实际比例不符合原来的配合比要求。为保证混凝土工程质量，保证按配合比投料，在施工时要按砂、石实际含水率对原配合比进行修正。根据施工现场砂、石含水率调整以后的配合比称为施工配合比。

假定实验室配合比为水泥：砂：石 = $1 : x : y$，水灰比为 W/C，现场测得砂含水率 W_x、石子含水率为 W_Y，则施工配合比为水泥：砂：石 = $1 : x (1+W_x) : y (1+W_Y)$

水灰比 W/C 不变（但用水量要减去砂石中的含水量）。

3. 混凝土的拌制

（1）搅拌机分类。混凝土搅拌机按其搅拌原理分为自落式搅拌机和强制式搅拌机两类。

自落式搅拌机适用于搅拌流动性较大的混凝土（坍落度不小于 30 mm），锥形反转出料式和双锥形倾斜出料式搅拌机既可搅拌流动性较大的混凝土，也适于搅拌低流动性混凝土（图 6-1）。

强制式搅拌机和自落式搅拌机相比，搅拌作用强烈，搅拌时间短，适于搅拌低流动性混凝土，干硬性混凝土和轻骨料混凝土（图 6-2）。

图 6-1　自落式搅拌机

（2）搅拌机的工艺参数。搅拌机每次（盘）可搅拌出的混凝土体积称为搅拌机的出料容量，每次可装入干料的体积称为进料容量，搅拌筒内部体积称为搅拌机的几何容量。为使搅拌筒内装料后仍有足够的搅拌空间，一般进料容量与几何容量的比值为 0.22~0.40，称为搅拌筒的利用系数。出料容量与进料容量的比值称为出料系数，一般为 0.60~0.70。在计算进料量时，可取出料系数 0.65。

图 6-2　强制式搅拌机

（3）混凝土搅拌。

①加料顺序。搅拌时加料顺序普遍采用一次投料法，即将砂、石、水泥和水一起加入搅拌筒内进行搅拌。搅拌混凝土前，先在料斗中装入石子，再装水泥及砂。水泥夹在石子和砂中间，上料时减少水泥飞扬，同时水泥及砂子不致粘住斗底。料斗将砂、石、水泥倾入搅拌机的同时加水。

另一种为二次投料法，即先将水泥、砂和水加入搅拌筒内进行充分搅拌，成为水泥沙浆后，再加入石子搅拌成混凝土。这种投料方法目前多用于强制式搅拌机搅拌混凝土。

②搅拌时间。从砂、石、水泥和水等全部材料装入搅拌筒时起，至开始卸料时为止所经历的时间称为混凝土的搅拌时间。

混凝土搅拌时间是影响混凝土质量和搅拌机生产率的一个主要因素。搅拌时间短，混凝土搅拌不均匀，而且影响混凝土的强度；搅拌时间过长，混凝土的匀质性并不能显著增加，反而使混凝土和易性降低，同时影响混凝土搅拌机的生产率。混凝土搅拌的最短时间与搅拌机的类型和容量、骨料的品种、对混凝土流动性的要求等因素有关，应符合表 6-2 的规定。

表 6-2　混凝土搅拌的最短时间

混凝土的坍落度/mm	搅拌机机型	搅拌机容量/L		
		<250 s	250~500 s	>500 s
≤30 s	自落式	90 s	120 s	150 s
	强制式	60 s	90 s	120 s
>30 s	自落式	90 s	90 s	120 s
	强制式	60 s	60 s	90 s

③一次投料量。施工配合比换算是以每立方米混凝土为计算单位的，搅拌时要根据搅拌机的出料容量（即一次可搅拌出的混凝土量）来确定一次投料量。

搅拌混凝土时应根据计算出的各组成材料的一次投料量，按质量投料。投料时允许偏差不得超过下列规定：

水泥、外掺混合材料：±2%；

粗、细骨料：±3%；

水、外加剂：±2%。

各种测量工具应定期检验，保持准确；骨料含水率应经常测定；雨天施工时应增加测定次数。

混凝土的运输

混凝土由拌制地点运至浇筑地点的运输分为水平运输（地面水平运输和楼面水平运输）和垂直运输。常用的水平运输设备有手推车、机动翻斗车、混凝土搅拌运输车、自卸汽车等，常用的垂直运输设备有龙门架、井架、塔式起重机、混凝土泵等。混凝土运输设备的选择应根据建筑物的结构特点、运输的距离、运输量、地形及道路条件、现有设备情况等因素综合考虑确定。

1. 对混凝土运输的要求

（1）混凝土在运输过程中不产生分层、离析现象。如有离析现象，必须在浇筑前进行二次搅拌。运至浇筑地点后，应符合浇筑时所规定的坍落度要求。

（2）混凝土应以最少的转运次数、最短的时间从搅拌地点运至浇筑地点，保证混凝土从搅拌机中卸出后到浇筑完毕的延续时间不超过表6-3的规定。

表6-3 混凝土从搅拌机中卸出后到浇筑完毕的延续时间

混凝土强度等级	气温	
	≤25℃	>25℃
≤C30	120 min	90 min
>C30	90 min	60 min

2. 混凝土地面水平运输

地面水平运输设备有手推车（图6-3）、机动翻斗车、混凝土搅拌运输车（图6-4）、自卸汽车等。

在施工现场搅拌站拌制混凝土，运距较小的场内运输宜采用手推车或机动翻斗车。从集中搅拌站或商品混凝土工厂运至施工现场，宜采用搅拌运输车，也可采用自卸汽车。

3. 混凝土垂直运输

混凝土垂直运输设备可采用龙门架（图6-5）、井架或塔式起重机（图6-6），必要时也可以利用施工电梯运输。

图6-3　手推车

图6-4　混凝土搅拌运输车

图6-5　龙门架

图 6-6 塔式起重机

龙门架、井架运输适用于一般多层建筑施工。龙门架装有升降平台，手推车可以直接推到平台上，由龙门架完成垂直运输，由手推车完成地面水平运输和楼面水平运输。

塔式起重机作为混凝土的垂直运输工具一般均配有料斗，料斗容积一般为 0.4 m³，上部开口装料，下部安装扇形手动闸门，可直接把混凝土卸入模板中。当工地搅拌站设在塔式起重机工作半径范围之内时，塔式起重机可完成地面、垂直及楼面运输，不需二次倒运。

4. 混凝土泵运输

混凝土泵运输又称泵送混凝土，是利用混凝土泵的压力将混凝土通过管道输送到浇筑地点，一次完成水平运输和垂直运输。混凝土泵运输具有输送能力大（最大水平输送距离可达 800 m，最大垂直输送高度可达 300 m）、效率高、连续作业、节省人力等优点，是施工现场运输混凝土的较先进的方法，今后必将得到广泛的应用（图 6-7）。

泵送混凝土施工时，除事先拟定施工方案、选择泵送设备、做好施工准备工作外，在施工中应遵守如下规定：

（1）混凝土的供应必须保证混凝土泵能连续工作；

（2）输送管线的布置应尽量直，转弯宜少且缓，管与管接头要严密；

（3）泵送前应先用适量与混凝土内成分相同的水泥浆或水泥沙浆润滑输送管内壁；

（4）预计泵送间歇时间超过 45 min 或混凝土出现离析现象时，应立即用压力水或其他方法冲洗管内残留的混凝土；

（5）泵送混凝土时，泵的受料斗内应经常有足够的混凝土，防止吸入空气形成阻塞；

（6）输送混凝土时应先输送远处混凝土，使管道随混凝土浇筑工作的逐步完成而逐步拆管。

图 6-7　混凝土泵车

【任务实施】

✎ 制订计划，进行决策

根据本任务的要求制订实现本任务的计划，寻求实现任务的方法和手段，并进行决策。

✎ 资料与器材

教材及有关标准、规范，混凝土搅拌机、双轮手推车、混凝土搅拌运输车、塔式起重机。

✎ 实施步骤

（1）收集混凝土搅拌的施工操作规范、验收规范及有关资料。
（2）疑难点点拨。
（3）根据要求进行混凝土的拌制。
（4）将混凝土运输到所需要的施工部位。

✎ 实施要求

混凝土配合比的计算需要符合要求，计算结果要精确；混凝土搅拌结果需符合验收规范；混凝土的运输要安全、合理。

【任务评价】

混凝土拌制与运输教学评价表

班级：　　　　　姓名（小组）：　　　　　本任务得分：

项目	要素	主要评价内容	评价满值分数	得分
职业素养	课堂纪律	课堂不迟到、早退，服从教师管理、组长指挥	5	
	工作态度	认真对待工作任务，独立完成分内工作，严谨审视工作过程，严格检查工作成果	5	
	责任意识	清楚自身责任对小组成绩的影响，明白自身责任存在的重大后果，勇于承担自身责任，负责任地完成工作任务	5	
	团队协作	小组协作、相互交流，组员、同学之间互相带动学习，主动承担组内任务，积极帮助小组成员	5	
	小　　计		20	
技能考评	任务准备	正确、快速地查阅教材及网络上的相关资料找到混凝土拌制与运输的方法，混凝土拌制与运输的规范要求	20	
	实施过程	根据任务要求计算混凝土配合比，编写混凝土拌制与运输的施工方案，填写任务单	20	
	完成质量	小组配合完成任务，混凝土配合比计算准确，施工方案清晰、准确，不抄袭别人（小组）的成果	20	
	任务工单	根据工单内容填写任务工单，工单内容体现任务成果，工单填写规范、整洁	20	
	小　　计		80	
教师总体评价（描述性评语）				

任务二 混凝土浇筑与养护

【学习目标】

✎ 知识目标

（1）了解混凝土浇筑的相关概念。
（2）掌握混凝土浇筑的方法与流程。
（3）掌握混凝土养护的方式方法。

✎ 能力目标

（1）能够根据工程实际进行混凝土的浇筑施工。
（2）能够选择捣实设备，并进行混凝土的捣实操作。
（3）能够进行混凝土的养护施工。

【任务描述】

在任务一中混凝土已经制备好，并运送到施工部位，下一步将进行混凝土的浇筑与养护工作，请选择合适的浇筑、养护方法，并进行浇筑、养护工作。

【知识链接】

✎ 混凝土的浇筑和捣实

将混凝土浇筑到模板内并振捣密实是保证混凝土工程质量的关键。对于现浇钢筋混凝土结构的混凝土施工，应根据其结构特点合理组织分层分段流水施工，并应根据总工程量、工期以及分层分段的具体情况，确定每工作班的工作量，根据每班工程量和现有设备条件选择混凝土搅拌机、运输及振捣设备的类型和数量，并严格按照《混凝土结构工程施工质量验收规范》（GB 50204—2015）的要求进行施工，以确保混凝土工程质量。

1. 混凝土浇筑前的准备工作

（1）模板和支架、钢筋和预埋件应进行检查并做好记录，符合设计要求后方能浇筑混凝土。

模板应检查其尺寸、位置（轴线及标高）、垂直度是否正确，支撑系统是否牢固，模板接缝是否严密。浇筑混凝土前，模板内的垃圾、泥土应清除干净。木模板应浇水湿润，但不应有积水。

钢筋应检查其种类、规格、位置和接头是否正确，钢筋上的油污是否清除干净，预埋件的位置和数量是否正确。检查完毕后做好隐蔽工程记录。

（2）在地基上浇筑混凝土，应清除淤泥和杂物，并有排水和防水措施；对干燥的非黏性土，应用水湿润；对未风化的岩石，应用水清洗，但其表面不得留有积水。

（3）准备和检查材料、机具及运输道路。

（4）做好施工组织工作和安全、技术备案。

2. 混凝土浇筑

为确保混凝土工程质量，混凝土浇筑工作中必须注意以下两方面内容（图6-8、图6-9）：

（1）混凝土的自由下落高度。浇筑混凝土时为避免发生离析现象，混凝土自高处倾落的自由高度（称自由下落高度）不应超过 2 m。自由下落高度较大时应使用溜槽或串筒，以防混凝土产生离析。

（2）混凝土分层浇筑。为了使混凝土能够振捣密实，浇筑时应分层浇灌、振捣，并在下层混凝土初凝之前将上层混凝土浇灌并振捣完毕。如果在下层混凝土初凝以后再浇筑上面一层混凝土，振捣上层混凝土时，下层混凝土由于振动，已凝结的混凝土结构就会遭到破坏。混凝土分层浇筑时每层的厚度应符合表6-4的规定。

表6-4 混凝土浇筑层的厚度

捣实混凝土的方法		浇筑层的厚度/mm
插入式振捣		振捣器作用部分长度的1.25倍
表面振捣		200
人工捣固	在基础、无筋混凝土或配筋稀疏的结构	250
	在梁、墙板、柱结构中	200
	在钢筋密列的结构中	150
轻骨料混凝土	插入式振捣	300
	表面振动（振动时需加荷）	200

3. 竖向结构混凝土浇筑

竖向结构（墙、柱等）浇筑混凝土前，底部应先填 50~100 mm 厚与混凝土内砂浆成分相同的水泥沙浆，避免浇筑时发生离析现象。当浇筑高度超过 3 m 时，应采用串筒、溜槽或振动串筒下落。

4. 梁和板混凝土的浇筑

在一般情况下，梁和板的混凝土应同时浇筑。较大尺寸的梁（梁的高度大于 1 m）、拱和类似的结构可单独浇筑。

在浇筑与柱和墙连成整体的梁和板时，应在柱和墙浇筑完毕后停歇 1~1.5 h，使

图 6-8 混凝土浇筑

图 6-9 混凝土浇筑施工

其获得初步凝实后，再继续浇筑梁和板。

5. 混凝土的振捣

混凝土浇灌到模板中后，由于骨料间的摩擦阻力和水泥浆的黏结作用，不能自动充满模板，模板内部还存在很多孔隙，不能达到要求的密实度。而混凝土的密实性直接影响其强度和耐久性。所以在混凝土浇灌到模板内后必须进行捣实，使之具有设计要求的结构形状、尺寸和设计的强度等级。

混凝土捣实的方法有人工捣实和机械振捣，施工现场主要用机械振动法（图6-10、图6-11）。

混凝土的振捣机械按其工作方式可分为内部振动器、表面振动器、外部振动器和振动台。

大体积混凝土结构浇筑

大体积混凝土结构，如大型设备基础，体积大、整体性要求高，混凝土浇筑时工程量和浇筑区面积大，一般要求连续浇筑，不留施工缝。如必须留设施工缝时，应征得设计部门同意并应符合规范的有关规定。在施工时应分层浇筑振捣，并应考虑水化

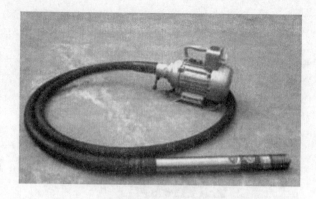

图 6-10　混凝土振捣棒

图 6-11　混凝土振捣施工

热对混凝土工程质量的影响。

　　大体积混凝土浇筑时，为保证结构的整体性和施工的连续性，采用分层浇筑时，应保证在下层混凝土初凝前将上层混凝土浇筑完毕。一般有三种浇筑方案，即：全面分层、分段分层、斜面分层（图 6-12）。

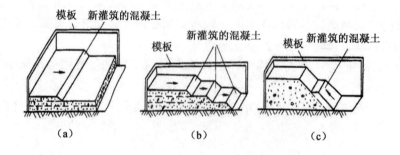

图 6-12　大体积混凝土浇筑方法
（a）全面分层；（b）分段分层；（c）斜面分层

　　大体积混凝土浇筑完毕后，由于水泥水化作用所放出的热量使混凝土内部温度逐渐升高。与一般结构相比较，大体积混凝土内部水化热不易散出，结构表面与内部温度不一致，外层混凝土热量很快散发，而内部混凝土热量散发较慢，内外温度变形不同，产生温度应力，在混凝土中产生拉应力。若拉应力超过混凝土的抗拉强度时，混凝土表层将产生裂缝，影响混凝土的浇筑质量。在施工中为避免大体积混凝土由于温度应力作用产生裂缝，可采取以下措施：

（1）优先选用低水化热的矿渣水泥拌制混凝土，并适当使用缓凝减水剂。

（2）在保证混凝土设计强度等级前提下，掺加粉煤灰，适当降低水灰比，减少水泥用量。

（3）控制混凝土内外的温差（当设计无要求时，控制在 25℃ 以内），如降低拌和水温度、骨料用水冲洗降温、避免暴晒等。

（4）及时对混凝土覆盖保温、保湿材料。

（5）可预埋冷却水管，通过循环将混凝土内部热量带出，进行人工导热。

混凝土施工缝

浇筑混凝土应连续进行，如必须间歇，间隙时间应尽量缩短。间歇的最长时间应按所用水泥品种及混凝土凝结条件确定。混凝土在浇筑过程中的最大间歇时间不得超过表 6-5 的规定。

表 6-5　混凝土浇筑中的最大间歇时间

混凝土强度等级	气温	
	≤25 ℃	>25 ℃
≤C30	210 min	180 min
>C30	180 min	150 min

如果由于技术上或组织上的原因混凝土不能连续浇筑完毕，如中间间歇时间超过了表 6-5 规定的混凝土运输和浇筑所允许的延续时间，这时由于先浇筑的混凝土已经凝结，继续浇筑时，后浇筑的混凝土的振捣将破坏先浇筑的混凝土的凝结。在这种情况下应留置施工缝（新旧混凝土接搓处称为施工缝）。

1. 施工缝的位置

施工缝的位置应在混凝土浇筑之前确定，宜留在结构受剪力较小且便于施工的部位。柱应留水平缝，梁、板应留垂直缝。

柱宜留置在基础的顶面、梁或吊车梁牛腿的下面、吊车梁的上面、无梁楼板的柱帽的下面。和板连成整体的大截面梁，留置在板底面以下 20~30 mm 处。当板下有梁托时，留在梁托下部。

单向板留置在平行于板的短边的任何位置；有主次梁的楼板，宜顺着次梁方向浇筑，施工缝应留置在次梁跨度的中间三分之一的范围内，如图 6-13 所示。

墙留置在门洞口过梁跨中 1/3 范围内，也可留在纵横墙的交接处；双向受力楼板、大体积混凝土结构、拱、薄壳、蓄水池、斗仓、多层钢架及其他结构复杂的工程，施工缝的位置应按设计要求留置。

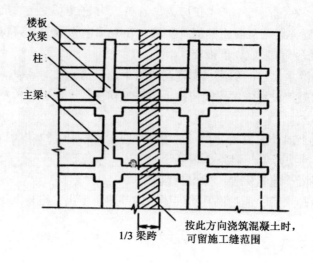

楼板
次梁
柱
主梁

1/3 梁跨　　　按此方向浇筑混凝土时，
　　　　　　　可留施工缝范围

图 6-13　混凝土施工缝留设

2. 施工缝的处理

在留置施工缝处继续浇筑混凝土时，已浇筑的混凝土，其抗压强度不应小于 1.2 MPa（混凝土强度达到 1.2 MPa 的时间可通过试件试验确定）。在已硬化的混凝土表面上，应清除水泥薄膜和松动石子以及软弱混凝土层，并加以充分湿润和冲洗干净，不得积水。在浇筑混凝土前，施工缝处宜先铺水泥浆或与混凝土成分相同的水泥沙浆一层。浇筑时混凝土应细致捣实，使新旧混凝土紧密结合。

✎ 混凝土的养护

混凝土的凝结硬化是水泥水化作用的结果，而水泥的水化作用只有在适当的温度和湿度条件下才能顺利进行。混凝土的养护就是创造一个具有适宜的温度和湿度的环境，使混凝土凝结硬化，逐渐达到设计要求的强度。混凝土的养护方法很多，最常用的是对混凝土试块的标准养护、对预制构件的蒸汽养护、对一般现浇钢筋混凝土结构的自然养护等。

1. 混凝土自然养护

混凝土自然养护是在常温下（平均气温不低于+5℃）用适当的材料（如草帘）覆盖混凝土并适当浇水，使混凝土在规定的时间内保持足够的湿润状态（图 6-14）。混凝土的自然养护应符合下列规定：

（1）在混凝土浇筑完毕后，应在 12 h 以内加以覆盖和浇水。

（2）混凝土的浇水养护日期：硅酸盐水泥、普通硅酸盐水泥和矿渣硅酸盐水泥拌制的混凝土不得少于 7 d，掺用缓凝型外加剂或有抗渗性要求的混凝土不得少于 14 d。

（3）浇水次数应以能保持混凝土具有足够的湿润状态为准。养护初期，水泥水化作用进行较快，需水也较多，浇水次数要多；气温高时，也应增加浇水次数。

（4）养护用水的水质宜与拌制用水相同。

图 6-14 混凝土自然养护

对大面积结构可采用蓄水养护和塑料薄膜养护。大面积结构如地坪、楼板可采用蓄水养护。贮水池一类结构可在拆除内模板、混凝土达到一定强度时注水养护。

塑料薄膜养护是将塑料溶液喷涂在已凝结的混凝土表面上，挥发后形成一层薄膜，使混凝土表面与空气隔绝，混凝土中的水分不再蒸发，内部保持湿润状态。这种方法多用于大面积混凝土工程，如路面、地坪、机场跑道、楼板等。

2. 混凝土蒸汽养护

混凝土蒸汽养护是将构件放在充有饱和蒸汽或蒸汽空气混合物的养护室内，在较高的温度和相对湿度的环境中进行养护，以加快混凝土的硬化（图 6-15）。

图 6-15 混凝土蒸汽养护

常压蒸汽养护过程分为四个阶段：静停阶段、升温阶段、恒温阶段及降温阶段。

静停阶段：构件在浇筑成型后先在常温下放一段时间，称为静停。静停时间一般为 2~6 h，以防止构件表面产生裂缝和疏松现象。

升温阶段：构件由常温升到养护温度的过程。升温温度不宜过快，以免由于构件表面和内部产生过大温差而出现裂缝。升温速度为：薄型构件不超过 25 ℃/h，其他构件不超过 20 ℃/h，用干硬性混凝土制作的构件不得超过 40 ℃/h。

恒温阶段：温度保持不变的持续养护时间。恒温养护阶段应保持 90%~100% 的相对湿度，恒温养护温度不得大于 95℃。恒温养护时间一般为 3~8 h。

降温阶段：是恒温养护结束后，构件由养护最高温度降至常温的散热降温过程。降温速度不得超过 10℃/h，构件出池后，其表面温度与外界温差不得大于 20℃。

✎ 混凝土施工质量检查

混凝土养护后的质量检查，主要包括混凝土的强度、表面外观质量和结构构件的轴线、标高、截面尺寸和垂直度的偏差。如设计上有特殊要求，还需对其抗冻性、抗渗性等进行检查（图 6-16）。

图 6-16　混凝土质量检查

1. 混凝土强度检查

混凝土强度等级必须符合设计要求。其检查方法是，制作边长为 150 mm 的立方体试块，在温度为（20±3）℃和相对湿度为 90% 以上的潮湿环境的标准条件下，经 28 天养护的抗压强度确定。试验结果作为核算结构或构件的混凝土强度是否达到设计要求的依据（图 6-17、图 6-18）。

混凝土试块应用钢模制作，试块尺寸、数量应符合下列规定：

（1）试块的最小尺寸应根据骨料的最大粒径按下列规定选定：骨料的最大粒径≤30 mm，选用 100 mm 的立方体；骨料的最大粒径≤40 mm，选用 150 mm 的立方体；骨料的最大粒径≤60 mm，选用 200 mm 立方体。

（2）当采用非标准尺寸的试块时，应将抗压强度折算成标准试块强度，其折算系数如下：边长为 100 mm 的立方体试块为 0.95；边长为 200 mm 的立方体试块为 1.05。

（3）用作评定结构或构件混凝土强度质量的试块，应在浇筑地点随机取样制作。检验评定混凝土强度用的混凝土试块组数应按下列规定留置：

①每拌制 100 盘且不超过 100 m³ 的同配合比的混凝土，其取样不得少于一次；

图 6-17 混凝土试块制作

图 6-18 混凝土试块强度检查

②每工作班拌制的同配合比的混凝土不足 100 盘时，其取样不得少于一次；

③现浇楼层，每层取样不得少于一次；

④预拌混凝土应在预拌混凝土厂内按上述规定留置试块。

每项取样应至少留置一组标准试件，同条件养护试件的留置组数可根据实际需要确定。

2. 混凝土质量缺陷及处理

混凝土的质量缺陷，主要包括混凝土强度和表面质量两个方面。

（1）混凝土强度不足。其原因可能有以下几方面原因：配合比设计中水泥富余系数超规定采用；外加剂用量控制不准；搅拌时材料计量不准；浇筑时已有离析而未二次搅拌，或振捣不实；养护方法不妥当，或者养护时间不足。

（2）表面质量。麻面：模板表面不光滑或模板湿润不够，拼缝不严而漏浆，振捣时间太少气泡未排出去。蜂窝：材料配合比不准或搅拌不匀，混凝土一次下料过多且振捣不实或漏振，模板缝过大漏浆严重，钢筋密而混凝土坍落度过小；露筋：垫块强度低或绑扎不牢使垫块脱落，表面混凝土振捣不密实，模板湿润不够而吸水过多造成脱模掉角产生露筋；空洞：钢筋间距过小且骨料粒径过大，混凝土坍落度小，振捣不足；缝隙及夹层：模板内夹杂物清理不彻底，施工缝、温度缝、后浇带处理不当，混凝土浇筑高度大且未铺底浆；缺棱掉角：模板表面不平，模板未充分润湿，隔离剂漏刷或质量不好，拆模时间过早或过晚。

混凝土质量缺陷的处理：

（1）对于面积较小且数量不多的蜂窝或露石的混凝土表面，可用 1 :（2~2.5）水泥沙浆抹平。在抹水泥沙浆前，必须用钢丝刷或压力水冲刷基层。

（2）对于较大面积的蜂窝、露石和露筋，应按其全部深度凿去薄弱的混凝土层和个别突出的骨料颗粒，然后用钢丝刷或压力水洗刷表面，再用比原混凝土等级提高一级的细石混凝土填塞，并仔细捣实。

（3）对于影响混凝土结构性能的缺陷，必须会同设计、监理等有关部门和人员研究处理，不得私自处理。

【任务实施】

制订计划，进行决策

根据本任务的要求制订实现本任务的计划，寻求实现任务的方法和手段，并进行决策。

资料与器材

教材及有关标准、规范，任务一中已经运输到位的混凝土、混凝土浇筑设备、振捣棒、养护室。

实施步骤

（1）收集混凝土浇筑与养护的操作规范、施工验收规范及有关资料。
（2）疑难点点拨。
（3）混凝土现场浇筑并进行养护。
（4）混凝土质量验收。

实施要求

混凝土浇筑、振捣严密，养护合理、及时，质量验收要符合相关验收规定。

【任务评价】

混凝土浇筑与养护教学评价表

班级：　　　　　　姓名（小组）：　　　　　　本任务得分：

项目	要素	主要评价内容	评价满值分数	得分
职业素养	课堂纪律	课堂不迟到、早退，服从教师管理、组长指挥	5	
	工作态度	认真对待工作任务，独立完成分内工作，严谨审视工作过程，严格检查工作成果	5	
	责任意识	清楚自身责任对小组成绩的影响，明白自身责任存在的重大后果，勇于承担自身责任，负责任地完成工作任务	5	
	团队协作	小组协作、相互交流，组员、同学之间互相带动学习，主动承担组内任务，积极帮助小组成员	5	
	小　计		20	
技能考评	任务准备	正确、快速地查阅教材及网络上的相关资料找到混凝土浇筑与养护的方法及规范要求	20	
	实施过程	根据任务要求及施工现场特点，选择合适的混凝土浇筑方法与养护方法，编写混凝土浇筑与养护的施工方案，填写任务单	20	
	完成质量	小组配合完成任务，混凝土浇筑与养护方法合理，施工方案条理清晰、准确，不抄袭别人（小组）的成果	20	
	任务工单	根据工单内容填写任务工单，工单内容体现任务成果，工单填写规范、整洁	20	
	小　计		80	
教师总体评价（描述性评语）				

【拓展练习】

一、填空题

1. 混凝土搅拌机按搅拌原理分为（　　　）和（　　　）两类。

2. 混凝土的倾倒高度一般不宜超过（　　　），竖向结构（墙、柱等）不宜超过（　　　），否则应用串筒、溜槽或振动串筒下料。

3. 混凝土自搅拌位置到浇筑位置的运输可以分为（　　　）和（　　　）两种。

4. 柱子的施工缝宜留在基础顶面（　　　）、（　　　）、（　　　）。

5. 混凝土的养护方法有（　　　）和（　　　）两大类。

二、单选题

1. 以下属于混凝土水平运输机具的是（　　　）。

A. 龙门架　　　　　B. 塔吊　　　　　C. 搅拌运输车　　　　D. 施工电梯

2. 100 mm 厚的混凝土垫层宜采用（　　　）振捣密实。

A. 内部振动器　　　B. 外部振动器　　　C. 表面振动器　　　D. 振动台

3. 在施工缝处继续浇筑混凝土时，应待混凝土的抗压强度达到（　　　）MPa 以上时方可进行。

A. 1.2　　　　　　B. 2.5　　　　　　C. 3　　　　　　　D. 1.5

4. 大体积混凝土浇筑，内外温差一般不超过（　　　）℃。

A. 5　　　　　　　B. 15　　　　　　C. 25　　　　　　D. 35

5. 混凝土自然养护温度应在（　　　）℃ 以上。

A. 0　　　　　　　B. 5　　　　　　　C. 15　　　　　　D. 20

6. 混凝土抗压强度试块应养护（　　　）d 后进行试验。

A. 7　　　　　　　B. 14　　　　　　C. 28　　　　　　D. 34

三、简答题

1. 为什么要进行施工配合比换算？

2. 如何进行施工配合比换算？

3. 混凝土运输有哪些要求？

4. 混凝土浇筑应注意哪些事项？

5. 混凝土施工缝留设如何进行？如何处理？

6. 混凝土的质量缺陷如何处理？

项目七　砌筑工程施工

【项目描述】

砌筑工程是建筑工程的重要组成部分，目前建筑物的墙体以及部分细部构造，仍然在选用砌筑工程作为主要的施工方式。另外，砌筑工程中的脚手架工程仍然广泛使用于各类工程项目中。

砌筑工程主要包括脚手架工程、砖砌体工程和砌块砌体工程。砌筑工程中涉及的机械、器材众多，学习时注意区分与记忆。

【学习目标】

✎　知识目标

（1）掌握脚手架的类型和搭设方法。

（2）熟悉砌体工程的建筑材料。

（3）了解常见的砖墙厚度，掌握砖砌体的组砌方法。

（4）掌握砖砌体的砌筑工艺。

（5）掌握砌块砌体的类型及施工要求。

✎　能力目标

（1）能够根据实际需要选用并支设脚手架。

（2）能够根据实际要求选择合适的砌体材料。

（3）能够进行砖砌体和砌块砌体施工。

（4）能够按照施工验收标准进行质量验收。

✎　素养目标

（1）具备严谨的工作态度，严格按规范要求进行施工操作。

（2）具有自行解决工作中出现问题的能力。

（3）具有安全意识，培养安全施工的素养。

【设备准备】

砂浆搅拌机、脚手架及配件、跳板、砖、小型混凝土空心砌块、水泥、细砂、皮数杆、橡胶锤等。

【课时分配】

序号	任务名称	课时分配（课时）	
		理论	实训
一	脚手架搭建	3	2
二	砖砌体施工	3	3
三	砌块砌体施工	3	2
合计		16	

任务一　脚手架搭建

【学习目标】

✎ 知识目标

（1）了解脚手架类型。
（2）熟悉脚手架的使用要求。
（3）掌握脚手架的搭建过程。
（4）掌握垂直运输设施的种类、要求。

✎ 能力目标

（1）能够根据现场条件选择合适的脚手架。
（2）能进行多立杆式脚手架的搭设施工。
（3）通过学习，会垂直运输设施的选择。

【任务描述】

现在，某工程准备进行砌筑工程，作为施工方人员，请你根据现场条件，选择合适的脚手架类型，并进行脚手架工程的施工，为之后的砌筑工程打好基础。

【知识链接】

✎ 脚手架的基本要求

砌筑用脚手架是为砌筑工程施工而搭设的堆放材料和工人施工作业用的临时结构架（图7-1、图7-2），作为临时性设施，脚手架应使用方便、安全和经济，要满足以下基本要求：

（1）有适当的宽度（或面积）、步架高度、离墙距离，能满足工人操作、材料堆放和运输需要。

（2）有足够的强度、刚度和稳定性，保证施工期间在各种荷载作用下，脚手架不变形、不倾斜、不摇晃。

（3）搭拆和搬运方便，能多次周转使用。

（4）因地制宜，就地取材，尽量节约用料。

图7-1　脚手架搭设图

图7-2　工程脚手架

✎ 脚手架的种类

按与建筑物的位置划分为外脚手架和里脚手架；按用途划分为结构脚手架、装修脚手架、防护架、支撑架；按所用材料划分为木脚手架、竹脚手架和钢脚手架；按结构形式划分为多立杆式脚手架、门式脚手架、框式脚手架、桥式脚手架、挑式脚手架、附着式升降脚手架及悬吊式脚手架等。

1. 多立杆式脚手架

多立杆式脚手架按所用材料分为木脚手架、竹脚手架和钢管脚手架，其中使用最多的是钢管扣件式脚手架和碗扣式脚手架。

作为稳定的结构体系，多立杆式脚手架的主要构件有立杆、纵向水平杆、横向水平杆、剪刀撑、横向斜撑、抛撑、连墙件等。

多立杆式脚手架的基本形式有单排、双排两种。单排脚手架仅在脚手架外侧设一排立杆，其横向水平杆一端与纵向水平杆连接，另一端搁置在墙上。单排脚手架节约材料，但稳定性较差，且在墙上留有脚手眼，其搭设高度及使用范围也受到一定的限制；双排脚手架在脚手架的里外侧均设有立杆，稳定性好，但比单排脚手架费工费料。

扣件式钢管脚手架是目前广泛应用的一种多立杆式脚手架，不仅可用作外脚手架，而且可用作里脚手架、满堂脚手架和模板支架等。

钢管扣件式脚手架由钢管、扣件和底座组成。钢管应优先采用外径48 mm、壁厚3.5 mm的焊接钢管。用于立杆、纵向水平杆和剪刀撑斜杆的钢管长度宜为4.0~6.5 m，用于横向水平杆的钢管长度宜为2.1~2.2 m。扣件为钢管之间的扣接连接件，其基本形式有三种：直角扣件，用于连接扣紧两根互相垂直交叉的钢管；旋转扣件，用于连接扣紧两根平行或呈任意角度交叉的钢管；对接扣件，用于两根钢管对接接长。扣件式钢管单排脚手架搭设高度不宜超过24 m，不宜用于半砖墙、空斗砖墙、加气块墙等轻质墙体以及砂浆强度等级不大于M10的砖墙。双排脚手架的高度超过50 m时应计算有关搭设参数。搭设的有关构造参数可按表7-1、表7-2选用。

表7-1　单排架搭设参数

架宽/m	用途	横向水平杆伸入墙体/m	步距/m	立杆纵距/m	操作层横向水平杆纵距/m
1.2~1.5	结构	≥0.24	≤1.8	≤1.5	≤0.75
			≤1.2	≤1.8	≤0.90
			≤1.8	≤1.8	≤0.90
	装修	≥0.24			

表7-2　高度（$H \leqslant 25$ m）的双排架搭设参数

施工荷载 Q_k/kN	立杆横距 b/m	连墙点竖向间距 hw/m			
		≤4.0		4.0~6.0	
		步距 h/m	纵距 l/m	步距 h/m	纵距 l/m
2.0	1.05	≤2.0	≤2.0	≤1.8	≤1.8
	1.30	≤1.8	≤2.0	≤1.5	≤2.0
				≤1.8	≤1.5
	1.55	≤1.8	≤1.5	≤1.5	≤1.8

2. 门式脚手架

门式脚手架又称框组式脚手架、多功能门型脚手架，是目前国际上应用较普遍的脚手架之一。它有很多用途，除用于搭设外脚手架，还可以用于搭设内脚手架、工作台和模板支架等（图7-3、图7-4）。

3. 里脚手架

里脚手架是搭设在建筑物内部地面或楼面上的脚手架，可用于结构层内的砌墙、

图 7-3　门式脚手架

图 7-4　建筑外门式脚手架

内装饰等（图 7-5）。由于要随施工进度频繁装拆、转移，所以里脚手架应轻便灵活、装拆方便。常用的里脚手架构造形式有折叠式、支柱式和门架式等。

图7-5 里脚手架

🖊 砌筑工程垂直运输设施

砌筑工程需要使用垂直运输机械将各种材料（砖、砌块、砂浆）和工具（脚手架、脚手板、灰槽等）运至施工楼层。目前砌筑工程常用的垂直运输机械有轻型塔式起重机、井架、龙门架等。

【任务实施】

🖊 制订计划，进行决策

根据本任务的要求制订实现本任务的计划，寻求实现任务的方法和手段，并进行决策。

🖊 资料与器材

教材及有关标准、规范，碗扣式脚手架、橡胶锤、门式脚手架。

🖊 实施步骤

（1）收集脚手架的施工操作规范、施工验收规范及有关资料。
（2）疑难点点拨。

（3）选择合适的脚手架，并进行搭设。

（4）脚手架搭设质量验收。

实施要求

脚手架搭设必须安全、牢固，要留有足够的操作面。

【任务评价】

脚手架搭建教学评价表

班级：　　　　　　姓名（小组）：　　　　　　本任务得分：

项目	要素	主要评价内容	评价满值分数	得分
职业素养	课堂纪律	课堂不迟到、早退，服从教师管理、组长指挥	5	
	工作态度	认真对待工作任务，独立完成分内工作，严谨审视工作过程，严格检查工作成果	5	
	责任意识	清楚自身责任对小组成绩的影响，明白自身责任存在的重大后果，勇于承担自身责任，负责任地完成工作任务	5	
	团队协作	小组协作、相互交流，组员、同学之间互相带动学习，主动承担组内任务，积极帮助小组成员	5	
	小　　计		20	
技能考评	任务准备	正确、快速地查阅教材及网络上的相关资料掌握脚手架的类型，脚手架搭建的方法与规范要求	20	
	实施过程	根据任务要求及施工现场特点，选择合适的脚手架，编写脚手架搭建方案，填写任务单	20	
	完成质量	小组配合完成任务，脚手架选择合理，脚手架不缺少构件，脚手架搭建方案清晰、准确，不抄袭别人（小组）的成果	20	
	任务工单	根据工单内容填写任务工单，工单内容体现任务成果，工单填写规范、整洁	20	
	小　　计		80	
教师总体评价（描述性评语）				

任务二　砖砌体施工

【学习目标】

 知识目标

（1）熟悉砖砌体的组砌形式。

（2）掌握砖砌体的施工工艺。

（3）掌握砖砌体砌筑的质量要求和安全技术措施。

能力目标

（1）通过对砌体施工工艺的学习，会砖砌体的砌筑施工。

（2）能根据实际情况选择砖砌体的组砌方式。

（3）能够根据验收标准进行砖砌体的质量检查。

【任务描述】

任务一中工程的砌筑决定承重墙采用砖砌体，填充墙采用砌块砌体。首先，将进行承重墙的施工，请选择合理的组砌形式，并编写施工方案（已知工程外墙为三七墙，内墙为二四墙）。

【知识链接】

砌筑材料

1. 砂浆

砂浆一般采用水泥沙浆和混合砂浆。水泥沙浆的塑性和保水性较差，但能够在潮湿环境中硬化，一般多用于含水量较大的地基土中的地下砌体；混合砂浆则常用于地上砌体。

砂浆的原材料主要是水泥、砂、水和塑化剂。水泥应保持干燥，如标号不明或出厂日期超过三个月，应经试验鉴定后按试验结果使用（图7-6）。水泥沙浆的最小水泥用量不宜少于200 kg/m³。砂宜采用中砂，并应过筛，不得含有草根等杂物，当拌和水泥沙浆或强度等级大于或等于M5的混合砂浆时，含泥量不应超过5%；当拌和强度等级小于M5的混合砂浆时，含泥量不应超过10%。水宜采用饮用水。塑化剂包括

图7-6　建筑用水泥

石灰膏、黏土膏、电石膏、生石灰粉等无机掺和料和微沫剂等有机塑化剂，其作用是提高砂浆的可塑性和保水性。当采用块状生石灰熟化成石灰膏时，应用孔洞不大于 3 mm×3 mm 的网过滤，并要求其充分熟化，熟化时间不少于 7 d；如采用磨细生石灰粉，熟化时间不少于 2 d。

砂浆应机械搅拌，水泥沙浆和水泥混合砂浆的搅拌时间不得少于 2 min；掺用有机塑化剂的砂浆必须机械搅拌，搅拌时间为 3~5 min。

砂浆应随拌随用，在拌成后和使用时，应用贮灰器盛装。水泥沙浆和水泥混合砂浆必须分别在拌成后 3 h 和 4 h 内使用完毕；当施工期间最高气温超过 30℃时，必须分别在拌成后 2 h 和 3 h 内使用完毕。

2. 砖

砖常见尺寸 240 mm×115 mm×53 mm，如图 7-7 所示红砖。砖的表面可以分为大面（240 mm×115 mm）、条面（240 mm×53 mm）和顶面或丁面（115 mm×53 mm）。

图7-7　红砖

✎ 砖墙砌体的组砌形式

实心砖墙常用的厚度有半砖（120 mm）、一砖（240 mm）、一砖半（365 mm）、二砖（490 mm）等，组砌形式通常是一顺一丁、三顺一丁、梅花丁等，除此以外，还有全顺砌、全丁砌、二平一侧等（图7-8）。

(a)   (b)   (c)

图7-8 砖砌体砌筑方式

(a) 一顺一丁式；(b) 梅花丁式；(c) 三顺一丁式

✎ 砌筑的施工准备

砖的品种、强度等级必须符合设计要求，并应规格一致。用于清水墙、柱表面的砖，应边角整齐、色泽均匀。

砌筑时，砖应提前1~2 d浇水湿润，烧结普通砖、多孔砖以及填充墙砌筑用的空心砖的含水率宜为10%~15%；灰砂砖、粉煤灰砖含水率宜为8%~12%。

砂浆的种类和强度等级必须符合设计要求。

✎ 砖墙砌筑工艺

1. 抄平弹线

砌筑砖墙前，先在基础防潮层或楼面上用水泥沙浆找平，然后根据龙门板上的轴线定位钉或房屋外墙上（或内部）的轴线控制点弹出墙身的轴线、边线和门窗洞口的位置。

2. 摆砖样

在放好线的基面上按选定的组砌方式用干砖试摆，核对所弹出的墨线在门洞、窗口、墙垛等处是否符合砖的模数，以便借助灰缝进行调整，尽可能减少砍砖，并使砖墙灰缝均匀，组砌得当。

3. 立皮数杆（图7-9）

皮数杆是用来保证墙体每皮砖水平、控制墙体竖向尺寸和各部件标高的木质标志杆。根据设计要求、砖的规格和灰缝厚度，皮数杆上标明皮数以及门窗洞口、过梁、楼板等竖向构造变化部位的标高。皮数杆一般立于墙的转角及纵横墙交接处，其间距一般不超过15 m。立皮数杆时要用水准仪抄平，使皮数杆上的楼地面标高线位于设计标高处。

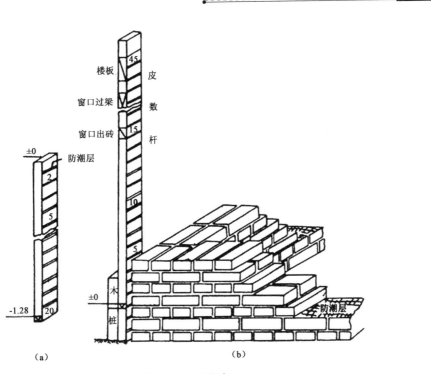

图 7-9　立皮数杆

4. 砌大脚、挂线

砌筑时为保证水平灰缝平直，要挂线砌筑。一般可在墙角及纵横墙交接处按皮数杆先砌几皮砖，然后在其间挂准线砌筑中间砖，厚度为 370 mm 及其以上的墙体应双面挂线，其他可单面挂线。

5. 铺灰砌砖

砌筑时宜采用"三一"砌砖法（铲灰挤砖法），即一铲灰、一块砖、一挤揉并随手将挤出的砂浆刮去的砌砖方法。

6. 立门窗樘

安装门窗樘的方法有两种：一种是预先把门窗樘的框子先立在墙上固定后砌墙，这种方法叫立樘子法（先立口）；另一种是砌墙时预留出门窗洞口，装修工程开始前安装门窗框，这种方法叫嵌樘子法（后塞口）。

7. 勾缝、清扫墙面

勾缝是清水墙的最后一道工序，具有保护墙面和美观的作用。内墙面可以采用砌筑砂浆随砌随勾，即原浆勾缝；外墙面待砌体砌筑完毕后再用水泥沙浆或加色浆勾缝，称为加浆勾缝。勾缝形式有平缝、凹缝、凸缝、斜缝等，常用的是凹缝和平缝。

混水墙砌完后，只需用一根厚 8 mm 的扁铁将灰缝刮一次，将凸出墙面的砂浆刮去，灰缝缩进墙面 10 mm 左右，以便于进行装饰工程即可。

砖墙砌体的质量要求及保证措施

砖墙砌体的质量要求可概括为十六个字：横平竖直、砂浆饱满、错缝搭接、接槎可靠。

1. 横平竖直

横平竖直，即要求砖砌体水平灰缝平直、表面平整和竖向垂直等。为此，要求砌筑时必须立皮数杆、挂线砌砖，并应随时吊线、直尺检查和校正墙面的平整度和竖向垂直度。

2. 砂浆饱满

砂浆的作用是将砖、石、砌块等块体材料黏结成整体以共同受力，并使块体表面应力分布均匀，同时能够挡风、隔热。砌体灰缝砂浆的饱满程度直接影响它的作用和砌体强度。因此要求砖砌体水平和竖向灰缝砂浆应饱满，实心砖砌体水平灰缝的砂浆饱满度不得低于 80%。

砖砌体的水平灰缝厚度和竖向灰缝的宽度一般为 10 mm，不应小于 8 mm，也不应大于 12 mm。

3. 错缝搭接

砖砌体的砌筑应遵循"上下错缝，内外搭砌"的原则。其主要目的是避免砌体竖向出现通缝（上下二皮砖搭接长度小于 25 mm 皆称通缝），影响砌体整体受力。

4. 接槎可靠

接槎是指相邻砌体不能同时砌筑而设置的临时间断，以便于先砌筑与后砌筑的砌体之间的接合。接槎处的砌体的水平灰缝填塞困难，如果处理不当，会影响砌体的整体性。

砖墙的转角处和交接处一般应同时砌筑。对不能同时砌筑而又必须留置的临时间断处，应砌成斜槎。实心砖墙的斜槎长度不应小于高度的 2/3；如临时间断处留斜槎确有困难时，除转角处外，也可留直槎，但必须做成凸槎，并加设拉结钢筋。拉结筋的数量为每 12 cm 墙厚放置 1 根直径 6 mm 的钢筋，间距沿墙高不得超过 50 cm，埋入长度从留槎处算起，每边均不应小于 50 cm，末端应有 90° 弯钩。抗震设防地区建筑物不得留直槎（图 7-10）。

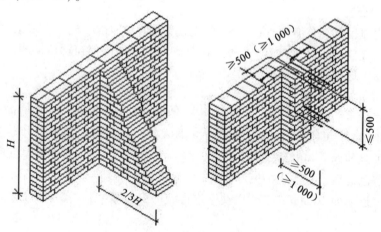

图 7-10 斜槎与直槎

隔墙与墙或柱如不同时砌筑而又不留成斜槎时，可于墙或柱中引出凸槎。对抗震设防地区，灰缝中尚应预埋拉结筋，其数量每道不得少于2根，具体构造同上。

对于设置钢筋混凝土构造柱的墙体，构造柱与墙体的连接处应砌成马牙槎（图7-11），从每层柱脚开始，先退后进，每一马牙槎沿高度方向的尺寸不宜超过300 mm，沿墙高每500 mm设2根直径6 mm拉结钢筋，每边伸入墙内不宜小于1 m。施工时应先砌墙后浇构造柱。

图7-11 马牙槎

【任务实施】

✎ 制订计划，进行决策

根据本任务的要求制订实现本任务的计划，寻求实现任务的方法和手段，并进行决策。

✎ 资料与器材

教材及有关标准、规范，烧结普通砖、水泥沙浆、皮数杆、手推车、橡胶锤、线锤、线绳、铁铲。

✎ 实施步骤

（1）收集砖砌体施工的操作规范、施工验收规范及有关资料。

（2）疑难点点拨。

（3）确定合适的砖砌体组砌形式。

（4）绘制砖墙主视图与俯视图。

（5）成果验收。

✎ **实施要求**

　　砖墙的组砌方法要正确合理，主视图要显示出砖墙的组砌方式，俯视图要体现出砖的摆放和砖墙的厚度。

【任务评价】

砖砌体施工教学评价表

班级：　　　　　　姓名（小组）：　　　　　　本任务得分：

项目	要素	主要评价内容	评价满值分数	得分
职业素养	课堂纪律	课堂不迟到、早退，服从教师管理、组长指挥	5	
	工作态度	认真对待工作任务，独立完成分内工作，严谨审视工作过程，严格检查工作成果	5	
	责任意识	清楚自身责任对小组成绩的影响，明白自身责任存在的重大后果，勇于承担自身责任，负责任地完成工作任务	5	
	团队协作	小组协作、相互交流，组员、同学之间互相带动学习，主动承担组内任务，积极帮助小组成员	5	
	小　　计		20	
技能考评	任务准备	正确、快速地查阅教材及网络上的相关资料找到砖墙的砌筑工艺与规范要求	20	
	实施过程	根据任务要求选择砖墙的组砌形式，画出砖墙布置示意简图（主视图与俯视图），填写任务单	20	
	完成质量	小组配合完成任务，砖墙组砌形式合理，示意图清晰、准确、没有通缝，不抄袭别人（小组）的成果	20	
	任务工单	根据工单内容填写任务工单，工单内容体现任务成果，工单填写规范、整洁	20	
	小　　计		80	
教师总体评价（描述性评语）				

任务三 砌块砌体施工

【学习目标】

知识目标

（1）熟悉小型砌块的种类、规格。
（2）了解小型砌块的砌筑要求。
（3）掌握砌块砌体的砌筑工艺。

能力目标

（1）能根据现场条件选择合适的砌块材料。
（2）能够进行各类小型砌块的砌筑施工。
（3）能根据验收标准对砌块砌体的质量进行检查。

【任务描述】

在任务二中，我们进行了承重墙砖砌体的施工，而对于填充墙则采用小型混凝土空心砌块作为施工材料，请选择砌块砌体的组砌形式，并编写填充墙的施工方案。

【知识链接】

砌块的材料要求和准备

砌块是以天然材料或工业废料为原料制作的，长度为高度的 1.5~2.5 倍，厚度为 180~300 mm，每块砌块质量 50~200 kg。

砌块应符合设计要求和有关国家现行标准的规定。

普通混凝土小型砌块吸水率很小，砌筑前无须浇水，当天气干燥炎热时，可提前洒水湿润；轻骨料混凝土小型砌块吸水率较大，应提前浇水湿润，含水率宜为 5%~8%；加气混凝土砌块砌筑时，应向砌筑面适量浇水，但含水量不宜过大，以免砌块孔隙中含水过多，影响砌体质量。

砌筑前，应根据砌块的尺寸和灰缝的厚度确定皮数和排数。对于加气混凝土砌块砌体，应绘制砌块排列图，尽量采用主规格砌块。

砌筑时，小砌块的生产龄期不应小于 28 d，并应清除表面污物，承重墙体严禁使用断裂或壁肋中有竖向裂缝的小砌块。

砌块的种类

砌块按材料分为混凝土砌块、加气混凝土砌块、粉煤灰砌块、轻骨料混凝土砌块。一般把高度为 380~940 mm 的砌块称为中型砌块，高度小于 380 mm 的砌块称为小型砌块。小型砌块由于体积不大、质量适中，与传统的砖砌体砌筑工艺相似，也是手工砌筑。

砌块的砌筑

砌块砌体砌筑时，应立皮数杆且挂线施工，以保证水平灰缝的平直度和竖向构造变化部位的留设正确（图 7-12、图 7-13）。水平灰缝采用铺灰法铺设，小砌块的一次铺灰长度一般不超过 2 块主规格块体的长度。对于小砌块竖向灰缝，应采用加浆方法，使其砂浆饱满；对于加气混凝土砌块，宜用内外临时夹板灌缝。

砌筑填充墙时，墙底部应砌筑高度不小于 200 mm 的烧结普通砖或多孔砖。填充墙砌至接近梁、板底时，应留一定空隙，在抹灰前采用侧砖或立砖、砌块斜砌挤紧，其倾斜度为 60°左右，并用砂浆填塞饱满。

图 7-12　砌块砌体

图 7-13　砌块砌体砌筑

常温条件下，小砌块每日的砌筑高度，对承重墙体宜在 1.5 m 或一步脚步架高度内；对填充墙体不宜超过 1.8 m。

砌块砌体的质量要求及保证措施

与砖砌体类似，砌块砌体的质量要求同样可以概括为四个方面（图 7-14）。

1. 横平竖直

横平竖直，即要求砌块砌体水平灰缝平直、表面平整和竖向垂直等。为此，要求砌筑时必须立皮数杆、挂线砌筑，并应随时吊线、直尺检查和校正墙面的平整度和竖向垂直度。

2. 灰浆饱满

砌块砌体的水平和竖向灰缝砂浆应饱满，小砌块砌体水平灰缝的砂浆饱满度（按净面积计算）不得低于 80%。

小砌块砌体的水平灰缝厚度和竖向灰缝宽度一般为 10 mm，要求不应小于 8 mm，也不应大于 12 mm。加气混凝土砌块砌体的水平灰缝厚度要求不得大于 15 mm，垂直灰缝宽度不得大于 20 mm。

3. 错缝搭接

砌块砌体的砌筑应错缝搭砌，对单排孔小砌块还应对齐孔洞。

砌筑承重墙时，小砌块的搭接长度不应小于 120 mm。砌筑框架结构填充墙时，小砌块的搭接长度不应小于 90 mm；加气混凝土砌块的搭接长度不应小于砌块长度的 1/3，且应不小于 150 mm。如搭接长度不满足要求，应在水平灰缝中加设 2φ6 钢筋或 φ4 钢筋网片。

4. 接槎可靠

砌块墙体的转角处和内外墙交接处应同时砌筑。墙体的临时间断处应砌成斜槎。在非抗震设防地区，除外墙转角处外，墙体的临时间断处也可砌成直槎，要求直槎从墙面伸出 200 mm，并沿墙高每隔 600 mm 设 2φ6 拉结钢筋或 φ4 钢筋网片。拉结筋或钢筋网片的埋入长度，从留槎处算起，每边不小于 700 mm，且必须准确埋入灰缝或芯柱内。

图 7-14　砌块砌体质量

【任务实施】

✎ 制订计划，进行决策

根据本任务的要求制订实现本任务的计划，寻求实现任务的方法和手段，并进行决策。

✎ 资料与器材

教材及有关标准、规范，小型混凝土空心砌块、水泥沙浆、橡胶锤、线锤、皮数杆。

✎ **实施步骤**

（1）收集砌块砌体工程施工操作规范、施工验收规范及有关资料。

（2）疑难点点拨。

（3）选择合适的砌块砌体及组砌方式。

（4）编写砌块砌体施工方案。

（5）成果验收。

✎ **实施要求**

砌块及组砌方式选择合理，施工方案编写清楚、正确。

【知识拓展】

传统的砌体工程除了砖砌体和砌块砌体之外，还有石砌体。

石砌体包括毛石砌体和料石砌体两种。所用石材应质地坚实，无风化剥落和裂纹。

毛石又称片石，是开采石料时的副产品，毛石分为乱毛石和平毛石。乱毛石是指形状不规则的石块；平毛石是指形状不规则，但有两个平面大致平行的石块。

料石按其加工面的平整程度分为毛料石、粗料石和细料石三种。

毛石砌体应采用铺浆法砌筑。砌筑要求可概括为"平、稳、满、错"。在砌筑石挡土墙时，需设置拉结石（图7-15）。

料石砌体也应采用铺浆法砌筑，料石应放置平稳，砂浆必须饱满，水平灰缝和竖向灰缝的砂浆饱满度均应大于80%。

图7-15　石挡土墙

【任务评价】

砌块砌体施工教学评价表

班级：　　　　　　姓名（小组）：　　　　　　本任务得分：

项目	要素	主要评价内容	评价满值分数	得分
职业素养	课堂纪律	课堂不迟到、早退，服从教师管理、组长指挥	5	
	工作态度	认真对待工作任务，独立完成分内工作，严谨审视工作过程，严格检查工作成果	5	
	责任意识	清楚自身责任对小组成绩的影响，明白自身责任存在的重大后果，勇于承担自身责任，负责任地完成工作任务	5	
	团队协作	小组协作、相互交流，组员、同学之间互相带动学习，主动承担组内任务，积极帮助小组成员	5	
	小　　计		20	
技能考评	任务准备	正确、快速地查阅教材及网络上的相关资料了解砌块种类，掌握砌块砌体的砌筑工艺与规范要求	20	
	实施过程	根据任务要求，选择合适的砌块砌体组砌形式，画出砌块布置示意图（主视图与俯视图），填写任务单	20	
	完成质量	小组配合完成任务，砌块选择合理，砌块组砌形式正确，示意图清晰、准确，不抄袭别人（小组）的成果	20	
	任务工单	根据工单内容填写任务工单，工单内容体现任务成果，工单填写规范、整洁	20	
	小　　计		80	
教师总体评价（描述性评语）				

【拓展练习】

一、填空题

1. 常见的外脚手架有（　　　　）、（　　　　）、（　　　　）。

2. 扣件式脚手架由（　　　　）、（　　　　）、（　　　　）组成。

3. 多立杆式脚手架的基本形式有（　　　　）、（　　　　）两种。

4. 砖砌体的水平灰缝厚度宜为（　　　　）mm，不应小于（　　　　）mm，也不应大于（　　　　）mm。

5. 砖墙的接槎方式有（　　　　）和（　　　　）两种。

6. 石砌体包括（　　　　）和（　　　　）两种。

二、单选题

1. 当外墙砌筑高度超过（　　　）m 时，必须设置安全网。
A. 2　　　　　　　　B. 3　　　　　　　　C. 4　　　　　　　　D. 5

2. 普通砖的尺寸是（　　　）。
A. 240 mm×115 mm×53 mm　　　　　　B. 240 mm×53 mm×53 mm
C. 240 mm×115 mm×115 mm　　　　　　D. 240 mm×240 mm×115 mm

3. 砖基础的大放脚一般采用（　　　）砌法。
A. 一顺一丁　　　B. 三顺一丁　　　C. 五顺一丁　　　D. 梅花丁

4. 砌体水平灰缝的砂浆饱满度要达到（　　　）以上。
A. 60%　　　　　　B. 70%　　　　　　C. 80%　　　　　　D. 90%

5. 一般把高度小于（　　　）mm 的砌块称为小型砌块。
A. 100　　　　　　B. 200　　　　　　C. 240　　　　　　D. 380

6. 砌块砌体一般采用的砌筑方式是（　　　）。
A. 一顺一丁　　　B. 三顺一丁　　　C. 全顺式　　　　D. 梅花丁

三、简答题

1. 脚手架有哪些种类？对脚手架有什么基本要求？

2. 扣件有哪几种形式？各适用于什么情况？

3. 陈述名词：皮数杆、50线、砂浆饱满度、清水墙、通缝。

4. 砖墙砌体的组砌形式通常有哪些？

5. 皮数杆的作用是什么？如何设置？

6. 砖砌体的质量要求主要有哪些？如何保证其质量？

7. 填充墙砌块砌筑时应注意什么问题？

8. 砌块砌体的质量要求主要有哪些？如何保证？

项目八 防水工程施工

【项目描述】

防水工程是一项系统工程，它涉及防水材料、防水工程设计、施工技术、建筑物的管理等各个方面。其目的是为保证建筑物不受水侵蚀，内部空间不受危害，提高建筑物使用功能和生产、生活质量，改善人居环境。包括屋面防水、地下室防水、卫生间防水、外墙防水、地铁防水等。

本项目主要涉及的是地下防水和屋面防水两项。

【学习目标】

✎ 知识目标

（1）掌握防水工程种类。
（2）掌握地下防水的防水等级与防水层施工工艺。
（3）掌握卷材防水屋面的种类。
（4）熟悉卷材防水屋面施工过程。
（5）了解防水质量验收的方法。

✎ 能力目标

（1）能够根据图纸判断出防水工程类型。
（2）能够选择正确的防水施工材料。
（3）能够进行防水工程施工。
（4）能根据施工操作规程和质量验收规范进行防水工程质量验收。

✎ 素养目标

（1）具备严谨的工作态度，严格按规范要求进行施工操作。
（2）具备良好的思考能力，能自行解决工作中出现的问题。

（3）具有安全意识，培养安全施工的素养。

（4）具有与他人交流沟通的能力，能够与他人协同工作。

【设备准备】

防水混凝土、油毡防水卷材、高聚物改性沥青卷材、合成高分子防水卷材、喷灯、滚筒等。

【课时分配】

序号	任务名称	课时分配（课时）	
		理论	实训
一	地下防水工程施工	3	2
二	屋面防水工程施工	3	2
合计		10	

任务一 地下防水工程施工

【学习目标】

✏ 知识目标

（1）了解防水工程的种类。

（2）掌握地下防水工程的施工要点。

（3）掌握地下防水工程的施工工艺。

✏ 能力目标

（1）能够进行地下防水工程施工。

（2）能处理地下防水工程中出现的简单的问题。

（3）能对工程成品进行保护。

【任务描述】

某工程地下部分施工即将完成，为保证工程日后不受到地下水的影响，请为该工程做好地下防水施工工作。

【知识链接】

 地下防水工程的防水等级

地下工程的防水等级一般分为四级（表8-1）。

表 8-1 地下防水等级

防水等级	标 准
一 级	不允许渗水，围护结构无湿渍
二 级	不允许渗水，围护结构有少量、偶见的湿渍
三 级	有少量漏水点，不得有线流和漏泥沙，每昼夜漏水量<0.5 L/m²
四 级	有漏水点，不得有线流和漏泥沙，每昼夜漏水量<2 L/m²

防水方案

目前，地下防水工程常用的有以下三种防水的方案：

（1）混凝土结构自防水。它是以地下结构本身的密实性（即防水混凝土）实现防水功能，使结构承重和防水合为一体。

（2）防水层防水。它是在地下结构物外表面加设防水层防水，常用的有砂浆防水层、卷材防水层、涂膜防水层等。

（3）"防排结合"防水。采用防水加排水措施，排水方案可采用盲沟排水、渗排水、内排水等。

防水工程又可分为柔性防水，如卷材防水、涂膜防水等；刚性防水，如刚性材料防水、结构自防水等。

防水层防水的施工

防水层防水又称构造防水，是通过结构内外表面加设防水层来达到防水效果。常用的做法有多层抹面水泥沙浆防水、掺防水剂水泥沙浆防水、卷材防水层防水。

多层抹面水泥沙浆防水层是利用不同配合比的水泥浆和水泥沙浆分层分次施工，相互交替抹压密实，充分发挥切断各层次毛细孔网，形成多层防渗的封闭防水整体（图8-1）。

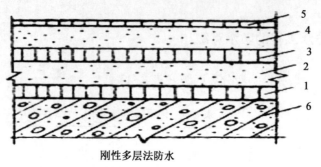

刚性多层法防水

图8-1 刚性防水层

掺防水剂防水砂浆，是在水泥沙浆中掺入占水泥质量的3%~5%各种防水剂配制而成，常用的防水剂有氯化物金属盐类和金属皂类防水剂。

卷材防水层施工是将卷材防水层铺贴在地下结构的外侧（迎水面）称为外防水，外防水卷材防水层的铺贴方法，按其与地下结构施工的先后顺序分为外贴法和内贴法两种。

防水混凝土施工

防水混凝土是以调整混凝土配合比、掺外加剂或使用新品种水泥等方法，从而提高混凝土的密实性、憎水性和抗渗性而配制的不透水性混凝土。

防水混凝土的种类有普通防水混凝土、外加剂防水混凝土和补偿收缩混凝土。防水混凝土施工时，迎水面钢筋混凝土保护层厚度不得小于50 mm。搅拌时必须采用机械搅拌，搅拌参数必须准确。

防水混凝土施工时，底板混凝土应连续浇筑，不留施工缝，墙体一般只允许留设水平施工缝，其位置应留在高出底板上表面不小于200 mm的墙身上。墙体设有孔洞时，施工缝位置距孔洞边缘不宜小于300 mm；不应留在剪力与弯矩最大处或底板与墙板交接处；必须留垂直施工缝时，应留在结构的变形缝处。施工缝的接缝形式如下（图8-2、图8-3、图8-4）。

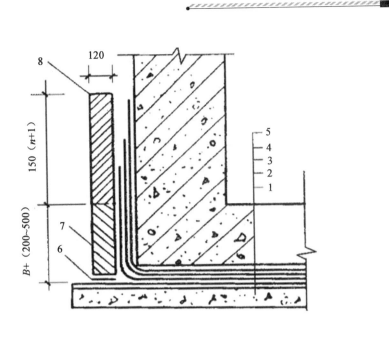

图 8-2　地下防水卷材外贴法示意图

1. 垫层；2. 找平层；3. 卷材防水层；4. 保护层；5. 建筑物底板；6. 卷材；7. 永久性保护墙；8. 临时保护墙

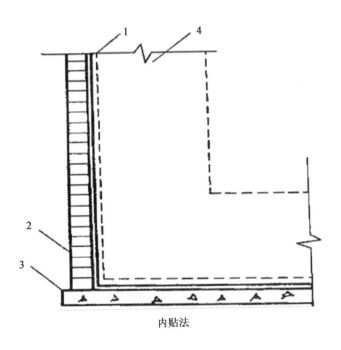

内贴法

图 8-3　地下防水卷材内贴法示意图

1. 卷材防水层；2. 保护墙；3. 垫层；4. 建筑物

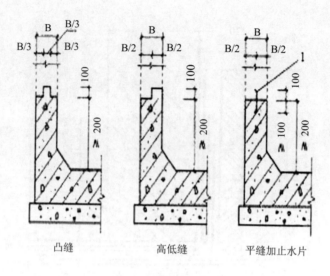

凸缝　　　　　高低缝　　　　平缝加止水片

图 8-4　施工缝示意图

【任务实施】

制订计划，进行决策

根据本任务的要求制订实现本任务的计划，寻求实现任务的方法和手段，并进行决策。

资料与器材

教材及有关标准、规范，防水卷材、防水混凝土、滚轮、刷子、冷底子油。

实施步骤

（1）收集防水工程施工的操作规范、施工验收规范及有关资料。
（2）疑难点点拨。
（3）根据现场情况制订防水工程施工方案。
（4）进行地下防水工程施工。
（5）施工质量验收。

实施要求

每人检测不少于 10 点，考虑到工作面有限按 10 人一组轮流进行检测，最后写出检测报告。

【任务评价】

地下防水工程施工教学评价表

班级： 姓名（小组）： 本任务得分：

项目	要素	主要评价内容	评价满值分数	得分
职业素养	课堂纪律	课堂不迟到、早退，服从教师管理、组长指挥	5	
	工作态度	认真对待工作任务，独立完成分内工作，严谨审视工作过程，严格检查工作成果	5	
	责任意识	清楚自身责任对小组成绩的影响，明白自身责任存在的重大后果，勇于承担自身责任，负责任地完成工作任务	5	
	团队协作	小组协作、相互交流，组员、同学之间互相带动学习，主动承担组内任务，积极帮助小组成员	5	
	小　计		20	
技能考评	任务准备	正确、快速地查阅教材及网络上的相关资料熟悉防水工程种类，掌握地下防水工程的施工方法与规范要求	20	
	实施过程	根据任务要求及施工现场特点，选择合适的防水方法，编写地下防水工程施工方案，填写任务单	20	
	完成质量	小组配合完成任务，地下防水方法正确，防水方案清晰、准确，不抄袭别人（小组）的成果	20	
	任务工单	根据工单内容填写任务工单，工单内容体现任务成果，工单填写规范、整洁	20	
	小　计		80	
教师总体评价（描述性评语）				

任务二 屋面防水工程施工

【学习目标】

✎ 知识目标

（1）熟悉屋面防水工程的施工技术要点。
（2）掌握屋面防水工程的施工工艺。
（3）了解防水工程的施工验收要求。

✎ 能力目标

（1）能根据工程实际进行屋面防水工程施工。
（2）能处理屋面防水过程中出现的简单问题。
（3）能对工程成品进行保护。

【任务描述】

工程主体施工完成后，需要在屋面外表面做好防水工作来保证建筑的正常使用。现在请进行屋面防水的施工工作。

【知识链接】

✎ 防水屋面的种类及屋面防水等级

根据建筑物的性质、重要程度、使用功能要求及防水层耐用年限等，《屋面工程技术规范》（GB 50345—2012）将屋面防水分为两个等级，并规定了不同等级的设防要求。目前屋面防水做法主要有：卷材防水屋面、涂膜防水屋面和刚性防水屋面等。

表 8-2　屋面防水等级和设防要求

防水等级	建筑类别	设防要求
Ⅰ级	重要建筑和高层建筑	两道防水设防
Ⅱ级	一般建筑	一道防水设防

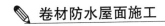

卷材防水屋面施工

卷材屋面根据屋面是否含有保温层分为保温卷材屋面和不保温卷材屋面（图 8-5）。

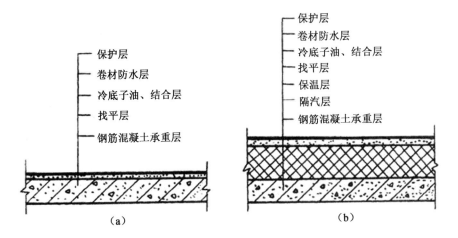

图 8-5 卷材防水屋面构造层次示意图
（a）不保温卷材防水屋面；（b）保温卷材防水屋面

油毡屋面防水工程施工

1. 找平层施工

找平层为基层（或保温层）与防水层之间的过渡层，一般用 1：3 水泥沙浆或 1：8 沥青砂浆。找平层厚度取决于结构基层的种类，水泥沙浆一般为 5~30 mm，沥青浆为 15~25 mm。找平层质量好坏直接影响到防水层的铺贴质量。要求找平层表面平整，无松动、起壳和开裂现象，与基层黏结牢固，坡度应符合设计要求。

2. 涂刷冷底子油

涂刷冷底子油之前，先检查找平层表面。找平层表面应清扫干净且干燥，其含水率应满足卷材铺贴要求，避免卷材起鼓、黏结不牢或被表面石屑砂粒刺破。检验找平层是否干燥的方法是：将 1 m² 左右油毡铺于找平层上，3 h 后掀开看，若无水印即为铺贴防水卷材的合适干燥程度。冷底子油涂刷要薄而均匀，不得有空白、麻点、气泡，也可用机械喷涂。

3. 防水层铺贴施工

油毡铺贴前应保持干燥，应先清除其表面的撒布物（如滑石粉等），并避免损伤油毡。油毡防水层的铺贴应在屋面其他工程完工后进行。

油毡的铺贴方向应根据屋面坡度或是否受到振动确定，当坡度小于 3% 时，宜平行于屋脊方向铺贴；坡度在 3%~15% 时，卷材可根据当地情况按平行或垂直于屋脊方向铺贴；当屋面坡度大于 15% 或屋面受到振动时，应垂直于屋脊铺贴。上下层油毡不得相互垂直铺贴。铺贴油毡应采用搭接方法，上下层及相邻两幅油毡的搭接缝均应错开（图8-6）。各层油毡长边的搭接宽度不应小于70 mm，短边不应小于150 mm。当第一层油毡采用条铺、花铺、空铺时，其长边搭接宽度不应小于100 mm，短边不应小于150 mm。上下层搭接缝应错开1/2或1/3幅卷材宽。为保证卷材搭接宽度和铺贴顺直，铺贴卷材时应弹出标线。

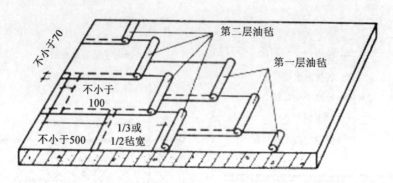

图8-6　油毡水平铺贴搭接示意图/mm

平行于屋脊铺贴时，每层卷材自檐口或天沟开始向上铺向屋脊，搭接缝应顺流水方向搭接；垂直于屋脊铺贴时，搭接缝应顺主导风向搭接。铺贴多跨和高低跨房屋的卷材防水层时，应按先高后低、先远后近的顺序进行。在一个单跨铺贴时，应先铺贴排水较集中的部位（如水落口、檐口、斜沟、天沟等处）及油毡附加层，按标高由低到高向上施工（图8-7）。

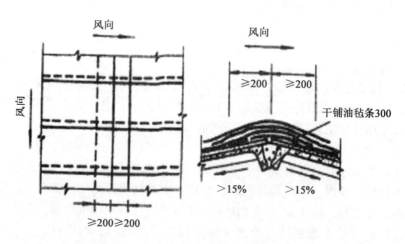

图8-7　卷材防水屋面构造示意图/mm

油毡铺贴施工工艺主要有两类，即热黏法施工和冷黏法施工。热黏法是指先熬制沥青胶，然后趁热涂洒并立即铺贴油毡的一种方法。冷黏法是用冷沥青胶粘贴油毡，其粘贴方法与热沥青胶粘贴方法基本相同，但具有劳动条件好、工效高、工期短等优点，还可避免热作业熬制沥青胶对周围环境的污染。目前油毡仍以热黏法居多，常用的"三毡四油"做法施工程序如下：基层检验、清理、喷刷冷底子油、节点密封处理、浇刮热沥青胶、铺第一层油毡、浇刮热沥青胶、铺第二层油毡、浇刮热沥青胶、铺第三层油毡、油毡收头处理、浇刮面层热沥青胶、铺撒绿豆砂、清扫多余绿豆砂、检查、验收。

4. 保护层施工

当油毡屋面防水层铺贴完毕，经验收合格后，应尽快进行保护层施工。常用绿豆砂作油毡保护层。绿豆砂保护层耐久性差，使用几年后，由于沥青玛蹄脂老化，黏结力降低，绿豆砂松动，易被雨水冲刷掉，造成卷材防水层龟裂、发脆、老化。因此，有时采用整体浇筑混凝土板或预制板作保护层，可以克服绿豆砂保护层的缺点。用这种保护层时，应采用防腐油毡，保护层与卷材防水层之间应设置隔离层，以减少保护层变形对防水层的影响。

高聚物改性沥青卷材防水工程施工

高聚物改性沥青卷材由于具有低温柔性和延伸率，一般单层铺设，也可复合使用。改性沥青卷材施工时，基层处理剂的涂刷施工操作与冷底子油基本相同。改性沥青卷材依据其品种不同，可采用热熔法、冷黏法、自黏法施工。

1. 高聚物改性沥青防水卷材热熔法施工

采用热熔法施工的改性沥青卷材是一种在工厂生产过程中底面即涂有一层软化点较高的改性沥青热熔胶的卷材。铺贴时不需涂刷胶黏剂，而用火焰烘烤后直接与基层粘贴。它可以节省胶黏剂，降低造价，施工时受气候影响小，尤其适用于气温较低时施工，对基层表面干燥程度要求较宽松，但要掌握好烘烤时的火候。

热熔卷材可采用满黏法或条黏法铺贴。满黏法一般用滚铺施工，即不展开卷材而是边加热烘烤边滚动卷材铺贴。而条粘法常用展铺施工，即先将卷材平铺于基层，再沿边掀起卷材予以加热粘贴。

2. 高聚物改性沥青防水卷材冷黏法施工

冷黏法铺贴改性沥青卷材是采用冷胶黏剂或冷沥青胶，将卷材贴于涂有冷底子油的屋面基层上。冷黏法施工程序是：基层检查、清扫、涂刷基层处理剂、节点密封处理、卷材反面涂胶、基层涂胶、卷材粘贴、辊压排气、搭接缝涂胶、搭接缝黏合、辊压、搭接缝口密封、收头固定密封、清理、检查、修整。

冷黏法铺贴时，要求基层必须干净、干燥，含水率符合设计要求，否则易造成粘贴不牢和起鼓。为增强卷材与基层的黏结，应在基层上涂刷两道冷底子油。

3. 保护层施工

为了屏蔽或反射太阳的辐射和延长卷材防水层使用寿命，在防水层铺设完毕并经清扫干净和检查合格后，即可在卷材防水层的表面上边涂刷胶黏剂、边铺撒膨胀蛭石粉保护层或均匀涂刷银色或绿色涂料作保护层。

合成高分子防水卷材工程施工

合成高分子防水卷材屋面构造一般有单层外露防水和涂膜与卷材复合防水两种。

图 8-8　高聚物改性沥青卷材防水层施工图

合成高分子防水卷材铺贴方法有冷黏法、自黏法和热风焊接法三种。合成高分子防水卷材的找平层、保护层等做法与施工要求均同改性沥青防水卷材施工相同（图 8-8）。

1. 冷黏法施工

冷黏法是最常用的一种，其施工工艺与改性沥青卷材的冷黏法相似。

合成高分子卷材搭接缝黏结要求高，这是合成高分子卷材施工的关键。施工时应将黏合面清扫干净，有些则要求用溶剂擦洗。均匀涂刷胶黏剂后，除控制好胶黏剂与黏合间隔时间外，黏合时要排净接缝之间空气后辊压黏牢，以确保接缝质量。此外，铺贴高分子卷材时切忌拉伸过紧，因为压延生产的高分子卷材在使用后期都有不同程度的收缩，若施工时拉伸过紧，往往会使卷材产生断裂而影响防水效果。合成高分子卷材施工时的弹标准线、天沟铺贴及收头处理方法与改性沥青卷材的冷黏法施工相同。

2. 自黏法施工

自黏法铺贴高分子卷材工艺是指自黏型高分子卷材的铺贴方法。自黏型高分子卷材是在工厂生产过程中，在卷材底面涂一层自黏胶，自黏胶表面敷一层隔离纸。施工时只要剥去隔离纸即可直接铺贴。自黏法铺贴高分子卷材的要求与自黏法铺贴高聚物改性沥青卷材基本相同，但对其搭接缝不能采用热风焊接的方法。

3. 热风焊接法施工

热风焊接高分子卷材工艺是指高分子卷材的搭接缝采取加热焊接的方法，主要用于塑料系高分子卷材（如聚氯乙烯防水卷材）。

采用热空气焊枪进行防水卷材搭接黏合，其施工工艺流程为：施工准备、检查清理基层、涂刷基层处理剂、节点密封处理、定位及弹基准线、卷材反面涂胶（先撕去隔离纸）、基层涂胶、卷材粘贴、辊压排气、搭接面清理、搭接面处焊接、搭接缝口处密封（用密封胶）、收头固定处密封、检查、清理、修整（图 8-9）。

4. 涂膜防水屋面施工

涂膜防水工程是在屋面或地下室外墙面等基层上涂刷防水涂料，经固化后形成一层有一定厚度和弹性的整体涂膜，从而达到防水目的的一种防水形式。

涂膜防水具有操作简单、施工速度快；大多采用冷施工，改善劳动条件，减少环境污染；温度适应性良好；易于修补且价格低廉的优点。其最大缺点是涂膜的厚度在

图 8-9　防水卷材热风焊接法施工

施工中较难保持均匀一致。

【任务实施】

✏️ 制订计划，进行决策

根据本任务的要求制订实现本任务的计划，寻求实现任务的方法和手段，并进行决策。

✏️ 资料与器材

教材及有关标准、规范，冷底子油、抹灰砂浆、防水油毡、滚刷、喷灯。

✏️ 实施步骤

（1）收集屋面防水施工的操作规范、施工验收规范及有关资料。
（2）疑难点点拨。
（3）现场进行防水屋面防水油毡的施工。
（4）施工质量验收。

✏️ 实施要求

每人检测不少于 10 点，考虑到工作面有限按 10 人一组轮流进行检测，最后写出

检测报告。

【任务评价】

屋面防水工程施工教学评价表

班级：　　　　　　姓名（小组）：　　　　　　本任务得分：

项目	要素	主要评价内容	评价满值分数	得分
职业素养	课堂纪律	课堂不迟到、早退，服从教师管理、组长指挥	5	
	工作态度	认真对待工作任务，独立完成分内工作，严谨审视工作过程，严格检查工作成果	5	
	责任意识	清楚自身责任对小组成绩的影响，明白自身责任存在的重大后果，勇于承担自身责任，负责任地完成工作任务	5	
	团队协作	小组协作、相互交流，组员、同学之间互相带动学习，主动承担组内任务，积极帮助小组成员	5	
	小　　计		20	
技能考评	任务准备	正确、快速地查阅教材及网络上的相关资料找到屋面防水工程的施工方法与规范要求	20	
	实施过程	根据任务要求及施工现场特点，选择合适的防水方法，编写屋面防水工程施工方案，填写任务单	20	
	完成质量	小组配合完成任务，屋面防水方法合理，防水方案清晰、准确，不抄袭别人（小组）的成果	20	
	任务工单	根据工单内容填写任务工单，工单内容体现任务成果，工单填写规范、整洁	20	
	小　　计		80	
教师总体评价（描述性评语）				

【拓展练习】

一、填空题

1. 建筑防水按其构造不同可分为（　　　　）和（　　　　）两大类。

2. 防水工程又可分为（　　　　），如卷材防水、涂膜防水等；（　　　　），如刚性防水材料防水。

3. 根据所使用的材料，保温层分为（　　　　）、（　　　　）和（　　　　）三种形式。

4. 地下工程卷材采用外防水时其施工方法可分为（　　　　）和（　　　　）两种情况。

5. 地面防水层一般采用涂膜防水材料。热水管和暖气管应加（　　　　）。

6. 油毡铺贴施工工艺主要有两类，即（　　　　）和（　　　　）。

二、单选题

1. 卷材防水屋面卷材铺贴应采取（　　）施工方向。

A. 先低后高，先远后近　　　　　　　B. 先高后低，先远后近

C. 先高后低，先近后远　　　　　　　D. 先低后高，先近后远

2. 隔气层是为了防止（　　）层中的水分进入保温层而设置的。

A. 结构　　　　　B. 找平　　　　　C. 保温　　　　　D. 保护

3. 地下室水泥沙浆防水施工中，水泥浆每层厚度宜为（　　）mm。

A. 1　　　　　　　B. 2　　　　　　　C. 3　　　　　　　D. 4

4. 地下室防水浇筑完成后应保持在潮湿条件下养护（　　）以上。

A. 1周　　　　　　B. 2周　　　　　　C. 3周　　　　　　D. 4周

5. 分格缝处附加卷材应采用（　　）施工。

A. 单边点黏　　　B. 双边点黏　　　C. 单边满黏　　　D. 双边满黏

6. （　　）材料不可以做刚性防水层的隔离层。

A. 水泥沙浆　　　B. 黏土砂浆　　　C. 石灰砂浆　　　D. 卷材

三、简答题

1. 说出地下防水工程的防水方案。

2. 地下室外墙防水有哪两种做法？具体如何施工？

3. 防水混凝土的概念是什么？如何进行防水混凝土的施工？

4. 冷底子油的作用是什么？如何配制？

5. 试述卷材屋面各构造层的作用及做法。

6. 试述卷材的热风焊接法和冷黏法施工工艺。

项目九　装饰工程施工

【项目描述】

　　装饰工程是指房屋建筑施工中包括抹灰、油漆、刷浆、玻璃、裱糊、饰面、罩面板和花饰等工艺的工程，它是房屋建筑施工的最后一个施工过程，其具体内容包括内外墙面和顶棚的抹灰，内外墙饰面和镶面、楼地面的饰面、房屋立面花饰的安装、门窗等木制品和金属品的油漆刷浆等。

　　本项目中主要介绍的是装饰工程中的抹灰与饰面部分。

【学习目标】

知识目标

（1）掌握抹灰工程的分类及相关材料。
（2）掌握一般抹灰的施工工艺。
（3）掌握装饰抹灰的施工工艺。
（4）熟悉饰面工程的相关材料。
（5）熟悉饰面工程的施工工艺。

能力目标

（1）能够选择合适的装饰材料。
（2）能够进行一般抹灰施工。
（3）能根据实际需要选取装饰抹灰材料并施工。
（4）能进行饰面工程施工。

素养目标

（1）具备严谨的工作态度。
（2）具有与人沟通、协作的能力。

（3）具有安全意识，培养安全施工的素养。

（4）提高施工中的质量意识。

【设备准备】

石灰砂浆、水磨石饰面板、标筋、水磨石、灰铲、橡胶锤、麻刀（玻纤）灰、纸筋灰和石膏灰等。

【课时分配】

序号	任务名称	课时分配（课时）	
		理论	实训
一	一般抹灰施工	3	2
二	装饰抹灰施工	1	1
三	饰面工程施工	2	1
合计		10	

任务一 一般抹灰施工

【学习目标】

✎ 知识目标

（1）了解一般抹灰的基础知识。

（2）掌握一般抹灰的施工流程。

（3）熟悉一般抹灰的质量标准。

✎ 能力目标

（1）能处理抹灰工程中出现的简单问题。

（2）能够进行一般抹灰施工。

（3）能根据验收标准对一般抹灰工程质量的进行验收。

【任务描述】

某工程主体结构及墙体已经施工完毕，作为施工人员，请选择合适的抹灰类型，

并对墙体外表面进行抹灰工作，为以后的饰面工程做准备。

【知识链接】

✎ 抹灰工程的分类和组成

抹灰工程按工种部位可分为室内抹灰和室外抹灰，按抹灰的材料和装饰效果可分为一般抹灰和装饰抹灰。

一般抹灰采用的是石灰砂浆、混合砂浆、水泥沙浆、麻刀（玻纤）灰、纸筋灰和石膏灰等材料。装饰抹灰按所使用的材料、施工方法和表面效果可分为拉条灰、拉毛灰、洒毛灰、水刷石、水磨石、干黏石、剁斧石及弹涂、滚涂、喷砂等。

✎ 一般抹灰施工

（一）一般抹灰的分级、组成和要求

一般抹灰按做法和质量要求分为普通抹灰、中级抹灰和高级抹灰三级（图9-1）。
普通抹灰由一底层、一面层构成。施工要求分层赶平、修整，表面压光。
中级抹灰由一底层、一中层、一面层构成。施工要求阳角找方，设置标筋，分层赶平、修整、表面压光。
高级抹灰由一底层、数层中层、一面层构成。施工要求阴阳角找方，设置标筋，分层赶平、修正，表面压光。

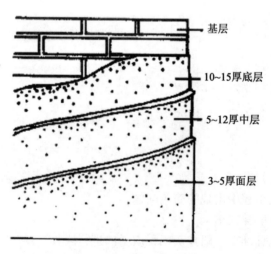

基层

10~15厚底层

5~12厚中层

3~5厚面层

图9-1 一般抹灰分层示意图

抹灰工程分层施工主要是为了保证抹灰质量，做到表面平整，避免裂缝，黏结牢固。抹灰层一般由底层、中层和面层组成，当底层和中层并为一起操作时，则可只分为底层和面层。

（二）一般抹灰施工方法

1. 内墙一般抹灰

内墙一般抹灰操作的工艺流程为（图9-2）：

基体表面处理→浇水润墙→设置标筋→阳角做护角→抹底层、中层灰→窗台板→踢脚板或墙裙→抹面层灰→清理。

下面介绍各主要工序的施工方法及技术要求。

（1）基体表面处理。为使抹灰砂浆与基体表面黏结牢固，防止抹灰层产生空鼓、脱落，抹灰前应对基体表面的灰尘、污垢、油渍、碱膜、跌落砂浆等进行清除。对墙面上的孔洞、剔槽等用水泥沙浆进行填嵌。门窗框与墙体交接处缝隙应用水泥沙浆或混合砂浆分层嵌堵。

图9-2 内墙抹灰施工

（2）设置标筋。为有效地控制抹灰厚度，特别是保证墙面垂直度和整体平整度，在抹底、中层灰前应设置标筋作为抹灰的依据。

设置标筋即找规矩，分为做灰饼和做标筋两个步骤。

做灰饼前，应先确定灰饼的厚度。先用托线板和靠尺检查整个墙面的平整度和垂直度，根据检查结果确定灰饼的厚度，一般最薄处不应小于7 mm。先在墙面距地1.5 m左右的高度距两边阴角100~200 mm处，按所确定的灰饼厚度用抹灰基层砂浆各做一个50 mm×50 mm见方的矩形灰饼，然后用托线板或线锤在此灰饼面吊挂垂直，做对应上下的两个灰饼。上方和下方的灰饼应距顶棚和地面150~200 mm，其中下方的灰饼应在踢脚板上口以上。随后在墙面上方和下方的左右两个对应灰饼之间，用钉子钉在灰饼外侧的墙缝内，以灰饼为准，在钉子间拉水平横线，沿线每隔1.2~1.5 m补做灰饼。

标筋是以灰饼为准在灰饼间所做的灰梗，作为抹灰平面的基准。具体做法是用与底层抹灰相同的砂浆在上下两个灰饼间先抹一层，再抹第二层，形成宽度为100 mm左右，厚度比灰饼高出10 mm左右的灰梗，然后用木杠紧贴灰饼搓动，直至把标筋搓得与灰饼齐平为止。最后要将标筋两边用刮尺修成斜面，以便与抹灰面接搓顺平。

（3）做护角。为保护墙面转角处不遭碰撞损坏，在室内抹面的门窗洞口及墙角、柱面的阳角处应做水泥沙浆护角。护角高度一般不低于 2 m，每侧宽度不小于 50 mm。具体做法是先将阳角用方尺规方，靠门框一边以门框离墙的空隙为准，另一边以墙面灰饼厚度为依据。最好在地面上划好准线，按准线用砂浆粘好靠尺板，用托线板吊直，方尺找方。然后在靠尺板的另一边墙角分层抹 1∶2 水泥沙浆，与靠尺板的外口平齐。然后把靠尺板移动至已抹好护角的一边，用钢筋卡子卡住，用托线板吊直靠尺板，把护角的另一面分层抹好。取下靠尺板，待砂浆稍干时，用阳角抹子和水泥素浆捋出护角的小圆角，最后用靠尺板沿顺直方向留出预定宽度，将多余砂浆切出 40°斜面，以便抹面时与护角接槎。

（4）抹底层、中层灰。待标筋有一定强度后，即可在两标筋间用力抹上底层灰，用木抹子压实搓毛。待底层灰收水后，即可抹中层灰，抹灰厚度应略高于标筋。中层抹灰后，随即用木杠沿标筋刮平，不平处补抹砂浆，然后再刮，直至墙面平直为止。紧接着用木抹子搓压，使表面平整密实（图 9-3）。

图 9-3 房屋抹灰施工

（5）抹面层灰。待中层灰有 6~7 成干后，即可抹面层灰。操作一般从阴角或阳角处开始，自左向右进行。一人在前抹面灰，另一人其后找平整，并用铁抹子压实赶光。阴、阳角处用阴、阳角抹子捋光，并用毛刷蘸水将门窗圆角等处刷干净。高级抹灰的阳角必须用拐尺找方。

2. 外墙一般抹灰

外墙一般抹灰的工艺流程为：

基体表面处理→浇水润墙→设置标筋→抹底层、中层灰→弹分格线、嵌分格条→抹面层灰→起分格条→养护。

外墙抹灰的做法与内墙抹灰大部分相似，下面只介绍其特殊的几点。

（1）抹灰顺序。外墙抹灰应先上部后下部，先檐口再墙面。大面积的外墙可分块同时施工。高层建筑的外墙面可在垂直方向适当分段，如一次抹完有困难，可在阴阳角交接处或分格线处间断施工。

（2）嵌分格条，抹面层灰及分格条的拆除。待中层灰 6~7 成干后，按要求弹分格线。分格条为梯形截面，浸水湿润后两侧用黏稠的素水泥浆与墙面抹成 45°角黏接。嵌分格条时，应注意横平竖直，接头平直。如当天不抹面层灰，分格条两边的素水泥浆应与墙面抹成 60°角。

面层灰应抹得比分格条略高一些，然后用刮杠刮平，紧接着用木抹子搓平，待稍干后再用刮杠刮一遍，用木抹子搓磨出平整、粗糙、均匀的表面（图 9-4）。

图 9-4　室外抹灰层施工

面层抹好后即可拆除分格条，并用素水泥浆把分格缝勾平整。如果不是当即拆除分格条，则必须待面层达到适当强度后才可拆除。

（三）顶棚一般抹灰

顶棚抹灰一般不设置标筋，只需按抹灰层的厚度在墙面四周弹出水平线作为控制抹灰层厚度的基准线。若基层为混凝土，则需在抹灰前在基层上用掺 10%107 胶的水溶液或水灰比为 0.4 的素水泥浆刷一遍作为结合层。抹底灰的方向应与楼板及木模板木纹方向垂直。抹中层灰后用木刮尺刮平，再用木抹子搓平。面层灰宜两遍成活，两道抹灰方向垂直，抹完后按同一方向抹压赶光。顶棚的高级抹灰应加钉长 350～450 mm 的麻束，间距为 400 mm，并交错布置，分别按放射状梳理抹进中层灰浆内（图 9-5）。

图 9-5　顶棚抹灰施工

✏️ 一般抹灰的质量标准

一般抹灰面层的外观质量应符合下列规定：

普通抹灰：表面光滑、洁净，接槎平整。

中级抹灰：表面光滑、洁净，接槎平整，灰线清晰顺直。

高级抹灰：表面光滑、洁净，颜色均匀，无抹纹，灰线平直方正、清晰美观。

抹灰工程的面层不得有爆灰和裂缝。各抹灰层之间及抹灰层与基体间应黏接牢固，不得有脱层、空鼓等缺陷。一般抹灰工程质量的允许偏差应符合表 9-1 的规定。

表 9-1　一般抹灰质量的允许偏差

项次	项　目	允许偏差/mm			检验方法
		普通抹灰	中级抹灰	高级抹灰	
1	表面平整	5	4	2	用 2 m 直尺和楔形塞尺检查
2	阴阳角垂直	—	4	2	用 2 m 托线板和尺检查
3	立面垂直	—	5	3	
4	阴、阳角方正	—	4	2	用 200 mm 方尺检查
5	分格条（缝）平直	—	3	—	拉 5 m 线和尺检查

【任务实施】

✏️ 制订计划，进行决策

根据本任务的要求制订实现本任务的计划，寻求实现任务的方法和手段，并进行决策。

✏️ 资料与器材

教材及有关标准、规范，抹灰砂浆、灰铲、拉筋、弹线。

✏️ 实施步骤

（1）收集抹灰工程施工的操作规范、施工验收规范及有关资料。

（2）疑难点点拨。

（3）现场进行抹灰施工工作。

（4）施工质量验收。

✏️ 实施要求

抹灰的各灰层厚度要符合要求，砂浆要饱满，工序要正确，施工质量要符合使用要求及相关标准。

【任务评价】

一般抹灰施工教学评价表

班级：　　　　　姓名（小组）：　　　　　本任务得分：

项目	要素	主要评价内容	评价满值分数	得分
职业素养	课堂纪律	课堂不迟到、早退，服从教师管理、组长指挥	5	
	工作态度	认真对待工作任务，独立完成分内工作，严谨审视工作过程，严格检查工作成果	5	
	责任意识	清楚自身责任对小组成绩的影响，明白自身责任存在的重大后果，勇于承担自身责任，负责任地完成工作任务	5	
	团队协作	小组协作、相互交流，组员、同学之间互相带动学习，主动承担组内任务，积极帮助小组成员	5	
	小　计		20	
技能考评	任务准备	正确、快速地查阅教材及网络上的相关资料熟悉一般抹灰的种类与组成，掌握一般抹灰的施工工艺与规范要求	20	
	实施过程	根据任务要求与工程特点，选择合适的抹灰方法，编写一般抹灰施工方案，填写任务单	20	
	完成质量	小组配合完成任务，抹灰方式准确，抹灰方案清晰、准确，不抄袭别人（小组）的成果	20	
	任务工单	根据工单内容填写任务工单，工单内容体现任务成果，工单填写规范、整洁	20	
	小　计		80	
教师总体评价（描述性评语）				

任务二　装饰抹灰施工

【学习目标】

 知识目标

(1) 了解装饰抹灰的种类。
(2) 掌握装饰抹灰的施工工艺。
(3) 熟悉装饰抹灰的技术要求。

能力目标

(1) 能够根据需要选择合适的装饰抹灰材料。
(2) 能够进行各类装饰抹灰施工。
(3) 能根据验收标准对装饰抹灰工程进行验收。

【任务描述】

某多层住宅已经完成了主体结构的建设，现在需要对外墙进行装饰抹灰施工，请选择合适的施工材料，并进行装饰抹灰的施工。

【知识链接】

装饰抹灰工程多用于外墙面，要求墙面所用色调的砂浆，统一配料以求色泽一致，面层厚度、颜色、图案应符合设计要求。

装饰抹灰与一般抹灰区别：二者具有不同的装饰面层，底中层相同。

1. 水刷石饰面

水刷石是用水泥石渣浆涂抹中层砂浆表面上，然后用水冲刷除去表面水泥浆，露出着色石渣的外墙饰面（图 9-6）。

水刷石常用于外墙的装饰，也可用于檐口、腰线、窗楣、门窗套、柱等部位。

施工工艺过程：待中层抹灰六至七成干并验收合格后，按设计要求弹线，粘贴分格条，然后洒水湿润，薄刮水灰比为 0.37 ~ 0.40 的素水泥浆一道，随即挂面层石渣浆，稠度为 5~7 cm 为宜。抹面层时，应一次成活，随抹随用铁抹子拍平压实，使石渣密实均匀。待面层六至七成干后，即可洗刷面层。先用软毛刷蘸水自上而下刷掉面层水泥浆露出石渣，再用喷雾器自上而下喷水冲洗，使石渣露出表面 1/3 ~ 1/4 粒径，达到清晰可见，分布均匀，表面洁净。施工时应注意排水，防止污染墙面。

图 9-6　水刷石饰面

质量要求：石粉清晰，分布均匀，紧密平整，色泽一致，不得有掉粒和接槎痕迹。

2. 斩假石饰面

斩假石是用水泥、石屑和颜料加水拌和成石水浆，抹在建筑物和构件表面，待其凝固达到一定强度后，用战斧、凿子等工具在抹灰面层上剁成有规律的石纹，形成像天然石质感饰面的一种人造石料装饰（图 9-7）。

施工工艺过程：分割弹线、嵌条分格、刷素水泥浆→抹水泥石子浆两次→材料压实、开斩前试斩、边角斩线水平、中间部分垂直→清扫墙面。

质量要求：剁纹均匀、顺直、深浅一致，不得有漏剁处，边条应宽窄一致，棱角不得损伤。

3. 干黏石饰面

干黏石是将干石子直接黏在砂浆层上的一种外墙饰面，具有与水刷石类似的装饰效果（图 9-8）。

施工工艺过程：基层处理—弹线嵌条—抹黏结层—撒石子—压石子。

图 9-7　斩假石饰面

图 9-8　干黏石饰面

质量要求：表面平整、色泽均匀、线条顺直清晰，阳角处不得有明显黑边。

4. 拉条灰饰面

拉条灰是用专用模具把面层砂浆做出竖线条的装饰抹灰做法。

施工工艺过程：在中层灰上按墙面尺寸弹线，划分竖格，确定拉模宽度，将导轨木条垂直平整地粘贴在底灰上，浇水湿润后抹面层纸筋混合砂浆，用拉条模具靠在木轨道上自上而下拉出线条。

质量要求：模具拉动时不管墙面高度如何，在同一操作层都应一次完成，成活后的灰条应上下顺直、表面光滑、灰层密实、无明显接槎。

5. 聚合物水泥沙浆装饰抹灰

聚合物水泥沙浆装饰抹灰，又称"特殊抹灰"，即在普通砂浆中掺入适量的有机聚合物，以改善原有材料方面的某些不足所进行的装饰抹灰。

根据施工工艺的不同，聚合物水泥沙浆装饰抹灰分为喷涂、滚涂和弹涂三种。

【任务实施】

✎ 制订计划，进行决策

根据本任务的要求制订实现本任务的计划，寻求实现任务的方法和手段，并进行决策。

✎ 资料与器材

教材及有关标准、规范，水刷石、喷头、灰铲、砂浆、弹线、木条。

✎ 实施步骤

（1）收集装饰抹灰的施工操作规范、施工验收规范及有关资料。
（2）疑难点点拨。
（3）现场进行观察及量测，选择装饰抹灰方式。
（4）根据选择的抹灰方式，进行装饰抹灰施工。
（5）验收施工质量。

✎ 实施要求

水刷石施工工序要准确，石子要分布均匀且清晰，色泽要一致，不得有接槎或掉落痕迹。

【任务评价】

装饰抹灰施工教学评价表

班级：　　　　　　姓名（小组）：　　　　　本任务得分：

项目	要素	主要评价内容	评价满值分数	得分
职业素养	课堂纪律	课堂不迟到、早退，服从教师管理、组长指挥	5	
	工作态度	认真对待工作任务，独立完成分内工作，严谨审视工作过程，严格检查工作成果	5	
	责任意识	清楚自身责任对小组成绩的影响，明白自身责任存在的重大后果，勇于承担自身责任，负责任地完成工作任务	5	
	团队协作	小组协作、相互交流，组员、同学之间互相带动学习，主动承担组内任务，积极帮助小组成员	5	
	小　　计		20	
技能考评	任务准备	正确、快速地查阅教材及网络上的相关资料熟悉装饰抹灰的种类与组成，掌握装饰抹灰的施工工艺与规范要求	20	
	实施过程	根据任务要求与工程特点，选择合适的装饰抹灰方法，编写装饰抹灰施工方案，填写任务单	20	
	完成质量	小组配合完成任务，抹灰方式准确，抹灰方案清晰、准确，不抄袭别人（小组）的成果	20	
	任务工单	根据工单内容填写任务工单，工单内容体现任务成果，工单填写规范、整洁	20	
	小　　计		80	
教师总体评价（描述性评语）				

任务三　饰面工程施工

【学习目标】

 知识目标

（1）了解饰面砖和饰面板的种类。

（2）掌握饰面板的传统湿作业方法和干挂法的施工工艺。

（3）掌握饰面砖的镶贴流程。

（4）掌握建筑涂料施工流程。

 能力目标

（1）能进行饰面板的湿作业和干挂法施工。

（2）通过学习能粘贴饰面砖。

（3）会涂料的粉刷施工。

【任务描述】

某大型商务宾馆打算采用饰面板作为墙体表面的装饰材料，作为施工人员请选择合适的饰面板并进行该工程的施工。

【知识链接】

 饰面工程

饰面工程是指将块料面层镶贴在墙柱基层的表面上的一种装饰工程。常用的块料面层基本上可分为饰面砖和饰面板两大类。

 饰面板施工

饰面板泛指天然大理石、花岗石饰面板和人造石饰面板、金属饰面板、木质饰面板等，其施工工艺基本相同。

1. 材质要求

（1）天然大理石板材（图9-9）。大理石板材常用的为抛光镜面板，其规格分为普型板和异型板两种。普型板常见的规格有 100 mm×400 mm、600 mm×600 mm、600 mm×900 mm、1 200 mm×600 mm 等，厚度为 20 mm；异型板的规格根据用户要求而定。对大理石板材的质量要求为：光泽度高，石质细密，色泽美观，棱角整齐，表面不得有隐伤、风化、腐蚀等缺陷。

图 9-9　大理石饰面板

（2）天然花岗岩板材（图 9-10）。装饰工程上所指的花岗石其颜色有黑白、青麻、粉红、深青等，纹理呈斑点状，常用于室内墙地饰面板材。按其加工方法和表面粗糙程度可分为剁斧板、机刨板、粗磨板和磨光板。剁斧板和机刨板规格按设计定。粗磨板和磨光板材的常用规格有 400 mm×400 mm、600 mm×600 mm、600 mm×900 mm、1 070 mm×750 mm 等，厚度为 20 mm。

图 9-10　花岗岩饰面板

对花岗石饰面板的质量要求为：棱角方正，规格尺寸符合设计要求，不得有隐伤（裂缝、砂眼）、风化等缺陷。

（3）人造石饰面板材。人造石饰面板有聚酯型人造大理石饰面板、水磨石饰面板和水刷石饰面板等。聚酯型人造石饰面板是一种新型人造饰面材料，其质量要求同天然大理石。水磨石、水刷石饰面板材制作工艺与水磨石、水刷石基本相同，规格尺寸可按设计要求预制，板面尺寸较大。为增强其抗弯强度，板内常配有钢筋，同时板材背面设有挂钩，安装时可防止脱落。

水磨石饰面板材的质量要求为：棱角方正，表面平整，光滑洁净，石粒密实均匀，背面有粗糙面，几何尺寸准确。水刷石饰面板材的质量要求为石粒清晰，色泽一致，无掉粒缺陷，板背面有粗糙面，几何尺寸准确。

2. 安装工艺

饰面板的安装工艺有传统湿作业法（灌浆法）（图9-11）、干挂法和直接粘贴法。

（1）传统湿作业法。传统湿作业法的施工工艺流程：

材料准备→基层处理、挂钢筋网→弹线→安装定位→灌水泥沙浆→整理、擦缝。

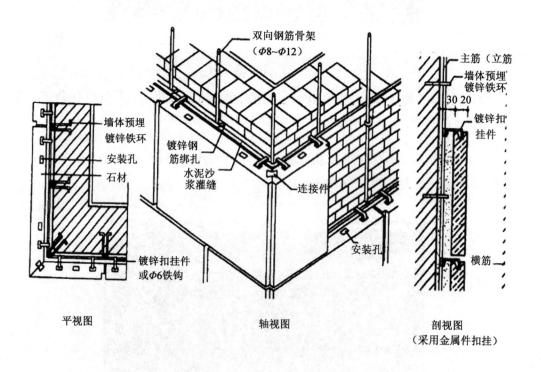

图9-11 传统湿作业施工法

（2）干挂法。饰面板的传统湿作业法工序多，操作较复杂，而且易造成黏接不牢、表面接槎不平等弊病，同时仅适用于多、高层建筑外墙首层或内墙面的装饰，墙面高度不大于 10 m。

干挂法根据板材的加工形式分为普通干挂法和复合墙板干挂法（又称 G. P. C

法）。干挂法一般适用于钢筋混凝土外墙或有钢骨架的外墙饰面，不能用于砖墙或加气混凝土墙的饰面。

①普通干挂法。普通干挂法是直接在饰面板厚度面和反面开槽或孔，然后用不锈钢连接器与安装在钢筋混凝土墙体内的膨胀金属螺栓或钢骨架相连接。

②复合墙板干挂法。复合墙板干挂是以钢筋细石混凝土作衬板，磨光花岗石薄板为面板，经浇筑形成一体的饰面复合板，并在浇筑前放入预埋件，安装时用连接器将板材与主体结构的钢架相连接。

（3）直接粘贴法。当饰面板的面积小于 400 mm×400 mm、厚度小于 12 mm，且安装高度不超过 3 m 时，可采用粘贴施工法。

直接粘贴施工其主要工序为：基层处理→抹底子灰→定位弹线→粘贴饰面板。

✎ 饰面砖的施工

饰面砖包括内釉面瓷砖、外墙陶瓷面砖、陶瓷锦砖等。

1. 材质要求

釉面砖的质量要求为：表面光洁，色泽一致，边缘整齐，无脱釉、缺釉、凸凹扭曲、暗痕、裂纹等缺陷（图 9-12）。

外墙面砖的质量要求为：表面光洁，质地坚固，尺寸、色泽一致，不得有暗痕和裂纹。

陶瓷锦砖和玻璃锦砖的质量要求为：质地坚硬，边棱整齐，尺寸正确，脱纸时间不得大于 40 min（图 9-13）。

2. 施工工艺

釉面瓷砖镶贴：弹线分格→选砖、浸砖→贴灰饼→镶贴→勾缝。

外墙面砖镶贴：选砖、预排→弹线分格→镶贴→勾缝、擦洗。

陶瓷锦砖镶贴：弹线分格→镶贴→揭纸、拨缝→擦缝。

✎ 涂料工程

1. 涂料的种类

涂料的品种繁多，分类方法各异，一般有以下分类方法。

按涂料的成膜物质，可将涂料分为有机涂料、无机涂料和有机-无机复合涂料。

根据在建筑物上使用部位的不同，建筑涂料可分为外墙涂料、内墙涂料、地面涂料等。

按涂料膜层厚度可分为薄质涂料、厚质涂料，前者厚度为 50~100 mm，后者厚度为1~6 mm。按膜层的形状和质感可分为平壁状涂层涂料、砂壁状涂层涂料、凹凸立体花纹涂料等。

按涂料的特殊功能可分为防火涂料、防水涂料、防腐涂料、弹性涂料等。

2. 建筑涂料的施工

建筑涂料的基本施涂方法有刷涂、滚涂、喷涂、弹涂等。

图 9-12　陶瓷釉面砖

图 9-13　陶瓷锦砖

（1）喷涂饰面。喷涂是用挤压式灰浆泵或喷斗将聚合物水泥沙浆经喷枪均匀喷涂于抹灰中层而形成的饰面面层。

（2）滚涂饰面。滚涂是将砂浆抹在墙体表面后，用滚子滚出花纹而成。其工艺流程除滚涂外，均与喷涂相同。滚涂工效比喷涂低，但便于小面积局部应用。

（3）弹涂饰面。弹涂是在墙面涂刷一遍掺有107胶的聚合物水泥沙浆后，用弹涂器分多遍将不同色彩的聚合物水泥沙浆弹在涂刷的基层上，结成大小不同的色点，再喷一遍防水层，形成相互交错，互相衬托的一种彩色饰面。弹涂饰面有近似于干黏石的装饰效果，也有做成色光面、细麻面、小拉毛拍平等多种花色。

【任务实施】

✎ 制订计划，进行决策

根据本任务的要求制订实现本任务的计划，寻求实现任务的方法和手段，并进行决策。

✎ 资料与器材

教材及有关标准、规范，人造大理石面板、钢筋网、弹线、水泥沙浆、电钻、铁铲、小手锤。

✎ 实施步骤

（1）收集饰面工程施工的操作规范、施工验收规范及有关资料。
（2）疑难点点拨。
（3）选择饰面板类型及安装方法。
（4）进行饰面板的安装工作。
（5）饰面工程施工质量验收。

✎ 实施要求

饰面板安装要牢固，砂浆灌注要密实，完成后饰面板要平整、光滑，施工质量要符合规范要求。

【任务评价】

饰面工程施工教学评价表

班级：　　　　　　姓名（小组）：　　　　　　本任务得分：

项目	要素	主要评价内容	评价满值分数	得分
职业素养	课堂纪律	课堂不迟到、早退，服从教师管理、组长指挥	5	
	工作态度	认真对待工作任务，独立完成分内工作，严谨审视工作过程，严格检查工作成果	5	
	责任意识	清楚自身责任对小组成绩的影响，明白自身责任存在的重大后果，勇于承担自身责任，负责任地完成工作任务	5	
	团队协作	小组协作、相互交流，组员、同学之间互相带动学习，主动承担组内任务，积极帮助小组成员	5	
	小　计		20	
技能考评	任务准备	正确、快速地查阅教材及网络上的相关资料熟悉饰面工程的种类与组成，掌握各类饰面工程的施工工艺与规范要求	20	
	实施过程	根据任务要求与工程特点，选择合适的饰面材料，针对选定材料，编写饰面工程施工方案，填写任务单	20	
	完成质量	小组配合完成任务，饰面材料与施工方案统一，施工方案清晰、准确，不抄袭别人（小组）的成果	20	
	任务工单	根据工单内容填写任务工单，工单内容体现任务成果，工单填写规范、整洁	20	
	小　计		80	
教师总体评价（描述性评语）				

【拓展练习】

一、填空题

1. 建筑涂料的选择应考虑（　　　）、（　　　）和（　　　）的原则。

2. 抹灰一般由（　　　）、（　　　）、（　　　）组成。

3. 抹灰工程的施工顺序一般应遵循（　　　）的原则。

4. 抹灰工程按照使用材料和装饰效果分为（　　　）和（　　　）。

5. 内墙一般抹灰，设置标筋分为（　　　）和（　　　）两个步骤。

6. 饰面工程常用的块料面层基本上可分为（　　　）和（　　　）两大类。

7. 抹灰工程所用材料主要有（　　　）、（　　　）、（　　　）、（　　　）和（　　　）。

二、单选题

1. 高级抹灰一般由（　　）组成。

A. 一底层、一面层　　　　　　　　B. 一底层、一中层、一面层

C. 一底层、几遍中层、一面层　　　D. 一面层

2. 楼地面一般由基层、（　　）和面层组成。

A. 中层　　　　　　B. 防水层　　　　　　C. 底层　　　　　　D. 垫层

3. 斩假石又称为（　　）。

A. 剁斧石　　　　　B. 水刷石　　　　　　C. 干黏石　　　　　D. 料石

三、简答题

1. 一般抹灰分几级？有哪些具体要求？

2. 一般抹灰有哪些质量要求？

3. 一般抹灰主要工序的施工方法及技术要求是什么？

4. 什么是装饰抹灰？

5. 装饰抹灰有哪些类？

6. 水刷石饰面的施工工序与要求是什么？

7. 建筑涂料如何分类？

8. 建筑涂料主要的施工方法有哪几种？

9. 简述饰面板传统湿作业法的施工工艺。

参考文献

[1] 杨澄宇，周和荣．建筑施工技术与机械［M］．2版．北京：高等教育出版社，2007.

[2] 吴承霞．建筑结构［M］．2版．北京：高等教育出版社，2009.

[3] 毕万利．建筑材料［M］．2版．北京：高等教育出版社，2011.

[4] 方承训，郭立民．建筑施工［M］．2版．北京：中国建筑工业出版社，1998.

[5] 胡世德．高层建筑施工［M］．2版．北京：中国建筑工业出版社，1998.

[6] 史佩栋．实用桩基工程手册［M］．北京：中国建筑工业出版社，2000.

[7] 顾建平．建筑装饰施工技术［M］．天津：天津科学技术出版社，2001.

附 图

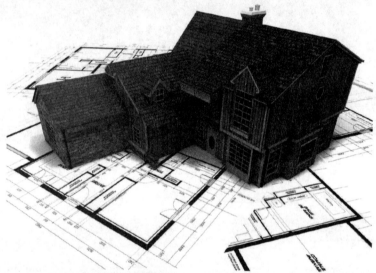

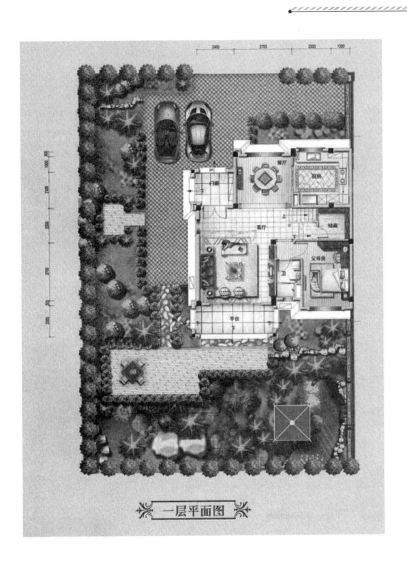

一层平面图

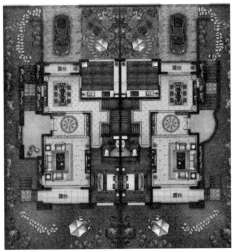